★★★★★

東京 五つ星の手みやげ

岸 朝子 選

東京書籍

東京　五つ星の手みやげ　◎目次

◎銀座・日本橋エリア

ドゥバイヨルの　チョコレート…… 010
ユーハイム・ディー・マイスターの　バウムクーヘン…… 012
ホテル西洋銀座の　銀座マカロン…… 014
木村屋の　酒種あんぱん…… 016
和光チョコレートショップの　ショコラ・フレ…… 018
松崎煎餅の　三味胴…… 020
鹿乃子の　かのこ…… 022
銀座若松の　あんみつ…… 024
空也の　空也もなか…… 026
ウエストの　ドライケーキ…… 028
長門の　久寿もち…… 030
銀座鈴屋の　甘納豆…… 032
メサージュ・ド・ローズの　チョコレート…… 034
つきぢ松露の　玉子焼…… 036
塩瀬の　本饅頭…… 038
田中商店の　紅鮭の粕漬け…… 040
茂助団子の　だんご…… 041
柳屋の　たいやき…… 042
魚久の　粕漬け…… 044
寿堂の　黄金芋…… 046
日本橋鮒佐の　江戸前佃煮…… 048
人形町タンネの　ドイツパン…… 050
キャンティの　クッキー…… 052

◎神田・本郷・根津エリア

近江屋洋菓子店の　アップルパイ…… 056

万惣の　コンフィッツ……058
さゝまの　和生菓子……060
竹むらの　揚げまんじゅう……062
笹巻けぬきすしの　笹巻けぬきすし……064
つる瀬の　豆餅、豆大福……066
花月の　かりんとう……068
本郷三原堂の　大学最中……070
すみれ堂の　バタータン……072
明月堂の　甘食……074
壺屋の　壺最中……076
群林堂の　豆大福……078
根津のたいやきの　たいやき……080
石井いり豆店の　落花生……082
中里の　揚最中……084
土佐屋の　芋ようかん……086
草月の　黒松……088
八重垣煎餅の　手焼き煎餅……089
天野屋の　明神甘酒……090
菊見せんべいの　せんべい……092

◎浅草・上野・向島・亀戸エリア

常盤堂の　雷おこし……098
梅むらの　豆寒……100
やげん堀の　七味唐辛子……102
満願堂の　芋きん……104
憧泉堂の　手焼憧せんべい……106
入山せんべいの　入山せんべい……108
こんぶの岩崎の　昆布製品……110
海老屋の　江戸前佃煮……112
言問団子の　言問団子……114

長命寺桜もちの　桜もち …… 116
志満ん草餅の　草餅 …… 118
桃林堂の　五智果 …… 120
うさぎやの　どらやき …… 122
上野駅前 岡埜栄泉の　豆大福 …… 124
龍昇亭西むらの　栗むし羊羹 …… 125
船橋屋の　くず餅 …… 126
但元の　いり豆 …… 128

◎赤坂・青山・虎ノ門エリア

しろたえの　焼き菓子 …… 132
赤坂青野の　赤坂もち …… 134
とらやの　竹皮包羊羹 …… 136
ゴンドラの　パウンドケーキ …… 138
新正堂の　切腹最中 …… 140

岡埜栄泉の　豆大福 …… 142
おつな寿司の　いなりずし …… 144
菊家の　利休ふやき …… 146
欧風菓子クドウの　レーズンクッキー …… 148
ルコントの　フルーツケーキ …… 150
豆源の　豆菓子 …… 152
白水堂の　かすてら …… 154
たぬき煎餅の　直焼き煎餅 …… 156
紀文堂の　人形焼き …… 158
浪花家の　鯛焼き …… 160

◎新宿・渋谷・板橋・世田谷エリア

新宿中村屋の　黒かりんとう …… 168
花園万頭の　花園万頭 …… 170
追分だんご本舗の　追分だんご …… 172

いいだばし萬年堂の　御目出糖……174
わかばの　鯛焼き……176
五十番の　中華まんじゅう……178
天名家総本家の　お狩場餅……180
ひと本 石田屋の　栗饅頭……182
デメルの　ザッハトルテ……184
東京フロインドリーブの　アーモンドパイ……186
まい泉の　ヒレカツサンド……188
オーボンヴュータンの　ドゥミセック……190
ちもとの　八雲もち……192
さか昭の　どら焼き……194
モンブランの　モンブラン……196
醍醐の　大阪寿司……198
佃宝の　佃煮……200
レピドールの　ポルボローネス……202
ルクールピューの　メルベイユ……204
ラベイユの　はちみつ……206
パリ・セヴェイユの　フランス菓子……208
自由が丘スイーツフォレストの　スイーツ……210

◎コラム　岸朝子の思い出の味
たい焼きは庶民の味方……079
和菓子のすすめ……081
向島の桜もちとだんご……085
おせんべいの思い出……107
伝統の味に誘われて……133
チーズケーキの思い出……162
ルコントの洋菓子……191

・本書は2003年11月～12月の取材をもとに制作しております。値段等データは変動することがあります。
・商品の価格は基本的に本体価格を表示しています。消費税がつく場合もあります。

●まえがき

「江戸開府400年」と歴史は古い東京ですが、親子代々の江戸っ子は少なく、故郷は北海道から沖縄まで日本各地という土地柄です。加えて関東大震災で江戸は消え、第二次世界大戦で東京は消滅。平成バブル崩壊で姿を消した店も多く、「東京の手みやげ」として誇れる味は少なくなりました。そのなかでも本業だけを大切に、余計なことには手を出さず家業を守り続けた店の味は、ときには新しい風を吹き込みながら多くの人々に愛されてきています。また、文明開化の明治時代から始まったケーキやクッキーなどの洋菓子を売る店もふえ、ケーキやパンの職人には、ヨーロッパのコンクールに入賞するなどの腕を持つ人たちも多くなりました。あの店、この店といろいろありますが、「東京の手みやげ」として私がおすすめできるものの一部をご紹介します。おいしいものを食べるとき、人は幸せになります。心が豊かになればこの世は楽しいものです。お気に召すものがあれば幸いです。

岸　朝子

銀座・日本橋エリア

丸ビル
ドゥバイヨル丸ビル店(P10)
ユーハイム・ディー・マイスター丸ビル店(P12)
キャンティ丸ビル店(P52)
東京駅
丸の内
千代田区
地下鉄丸ノ内線
横須賀線
東京中央局
東京駅
丸の内
京橋
室町三
新日本橋駅
昭和通り
総武快速線
江戸通り
三越前駅
銀座鈴屋日本橋店
(P32)
日本橋本町
日本橋室町
日本銀行
日本橋本石町
地下鉄銀座線
中央通り
日本橋鮒佐本店
(P48)
三越
常盤橋
三越前駅
日本ビル
総武快速線
山手・京浜東北・中央線
大手町
首都高速都心環状線
日本橋川
日本橋
呉服橋
地下鉄東西線
日本橋
中央区
永代通り
外堀通り
日本橋駅
日本橋
地下鉄浅草線
千代田区
八重洲
日本橋駅
中央通り
東京駅
長門(P30)
大丸
高島屋
日本橋
中央会館
首都高速
地下鉄浅草線
明石小
竹スクエア
築地駅
築地川公園
明石町
塩瀬総本家本店
(P38)
京橋築地小
聖路加看護大
聖路加国際病院
新大橋通り
築地
聖路加タワー
隅田川
築地本願寺
田中商店
(P40)
場外市場
つきぢ松露築地本店
(P36)
助団子(P41)
晴海通り
人形町
地下鉄浅草線
人形町駅
人形町
甘酒横丁
地下鉄半蔵門線
柳屋(P42)
甘酒横丁
人形町タンネ(P50)
日本橋小
魚久本店
(P44)
寿堂
(P46)
新大橋通り
地下鉄日比谷線
日本橋人形町
水天宮前
水天宮
中央区
水天宮前駅
日本橋蠣殻町

1:10,000

0 200m

地図の方位は真北です

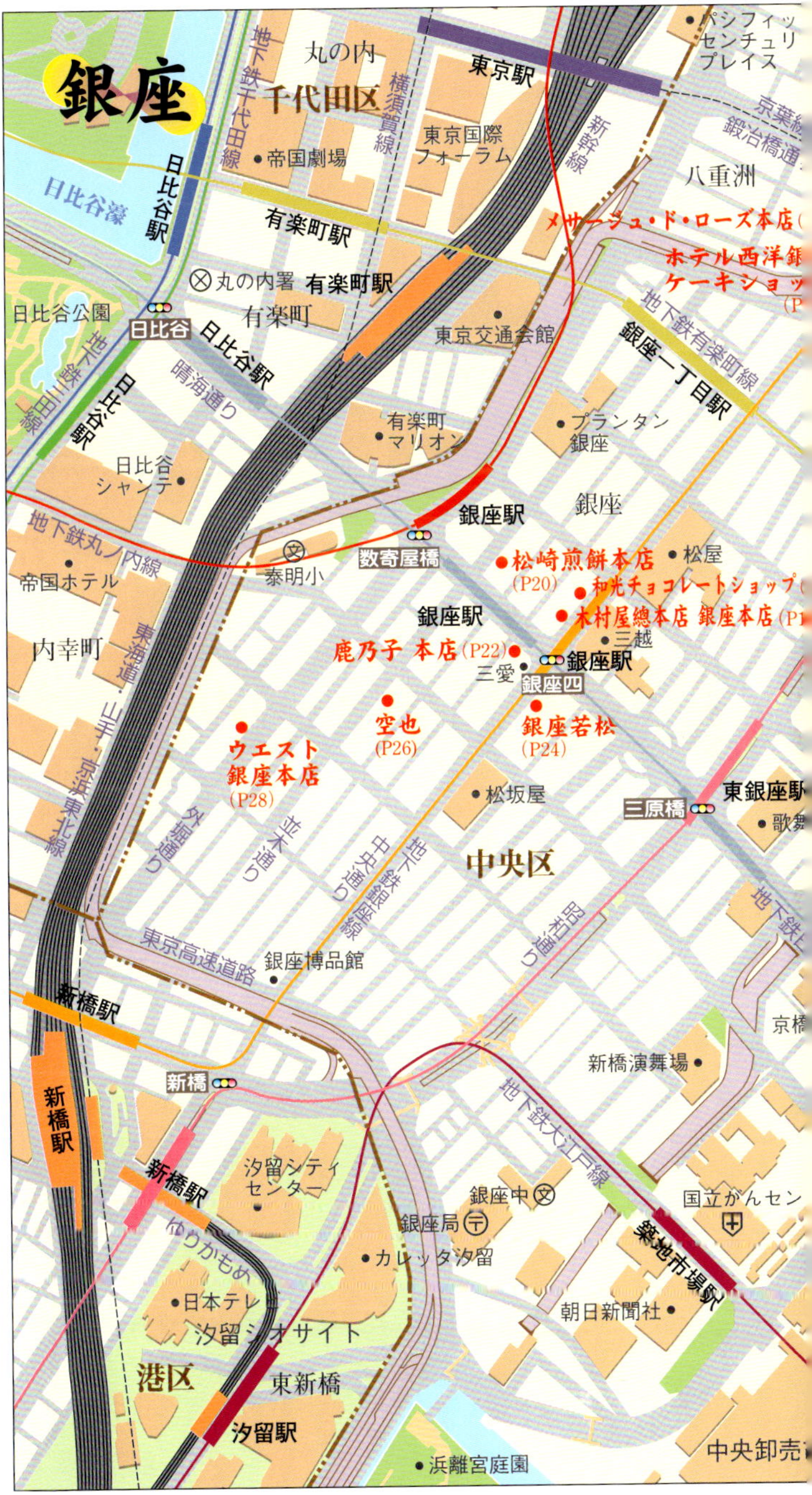

銀座
丸の内
千代田区
地下鉄千代田線
横須賀線
東京駅
パシフィッ
センチュリ
プレイス
東京国際
フォーラム
新幹線
鍛冶橋通
八重洲
帝国劇場
日比谷線
日比谷濠
有楽町駅
メサージュ・ド・ローズ本店
ホテル西洋銀
ケーキショッ
丸の内署
有楽町駅
有楽町
日比谷公園
日比谷
日比谷駅
東京交通会館
地下鉄有楽町線
銀座一丁目駅
晴海通り
地下鉄三田線
日比谷駅
有楽町
マリオン
プランタン
銀座
日比谷
シャンテ
銀座駅
銀座
地下鉄丸ノ内線
泰明小
数寄屋橋
松崎煎餅本店
(P20)
松屋
和光チョコレートショップ
帝国ホテル
銀座駅
木村屋總本店 銀座本店
三越
内幸町
鹿乃子 本店(P22)
三愛
銀座駅
銀座四
東海道・山手・京浜東北線
空也
(P26)
銀座若松
(P24)
ウエスト
銀座本店
(P28)
松坂屋
三原橋
東銀座駅
外堀通り
並木通り
中央通り
地下鉄銀座線
中央区
昭和通り
東京高速道路
銀座博品館
新橋駅
新橋演舞場
新橋
新橋駅
地下鉄大江戸線
汐留シティ
センター
新橋駅
ゆりかもめ
銀座中
銀座局
国立がんセン
カレッタ汐留
築地市場駅
日本テレビ
朝日新聞社
汐留シオサイト
港区
東新橋
汐留駅
中央卸売
浜離宮庭園

バラエティ豊かなチョコレートを詰め合わせたパッケージ入りギフト

ドゥバイヨルの チョコレート

拡大地図 P008　広域地図 P236

現代ヨーロッパを代表するパティシエ、マルク・ドゥバイヨル氏が考案したチョコレートを取り揃えている。ベルギーにアトリエを構えるドゥバイヨル氏はフランス最優秀職人の称号を授与されるほど、世界的に知られている菓子職人。「パティシエの革新者」と呼ばれるほど、彼が作りだしたチョコレートは、デザインの秀逸さに加えて、組み合わされる素材のハーモニーが素晴らしい。例えば「ロシェ ブラン」は、クランチアーモンドとオレンジピールをホワイトチョコレートでコーティングしたもので、「マンディアン ブラン」は、円形のホワイトチョコレートにナッツ類やドライフルーツを散らした形がユニーク。ナッツやフルーツなど、選び抜いた素材をふんだんに使い、口溶けのいいチョコレートとともに絶妙のハーモニーを奏でて楽しませてくれる。

粒チョコは約30種類あり、

欧州屈指のパティシエが作る斬新な形と味のチョコレート

形のおもしろさも楽しみたいチョコレート

量り売りで1粒から購入できる。また、好みのチョコレートを箱詰めにできるほか、フランスで旗揚げし、日本でも15年以上の歴史がある「ショコラ愛好者クラブジャポン」がセレクトしたチョコレートを詰め合わせたパッケージ入りもギフトには最適。

アーモンド・砂糖・生クリーム・卵などを使ったメレンゲ風の生地に、チョコレートやコーヒーなどのクリームをリンドしたブリズーも自慢の菓子。冷蔵庫で冷やし、繊細な口当たりを楽しみたい。

お品書き

ブリズーショコラ1個	180円
キャラメル1個	250円
オランジェット50g	700円
トリュフ・カフェ12粒	1200円

ドゥバイヨル丸ビル店

☎03（5220）7960

千代田区丸の内2-4-1 丸ビルB1F

JR東京駅丸の内南口から徒歩1分

営業時間　11～21時（日曜、祝日は～20時）

定休日　無休

駐車場　なし

地方発送　不可

スリムでせいたかのっぽなど楽しいデザインのバウムクーヘン

長さ30センチ近いバウムクーヘン・トゥルム。奥は丸ビル限定パッケージ

ユーハイム・ディー・マイスターのバウムクーヘン

バウムクーヘンならユーハイムと親しまれている老舗菓子店。平成13年に創業80周年を迎え、21世紀にふさわしいライフスタイルを提案するショップとして、新しくユーハイム・ディー・マイスターをオープンした。第1号店の丸ビル店は、菓子、パン、総菜をあつかう複合ショップで、ドイツのトップデザイナーであるペーター・シュミット・グループが、パッケージや商品デザインなどを担当したことでも話題を呼んでいる。

日本でバウムクーヘンといえば、まん丸のドーナツ型だが、昔ながらのバウムクーヘンは、樫の木の芯に生地を巻き付けていく製法で、わざとコブを作るごつごつとした形だった。創始者のカール・ユーハイムが作ったバウムクーヘンもごつごつスタイルで、本店のある神戸の人たちはピラミッド・ケーキと呼んで愛好したという。

拡大地図 P008 広域地図 P236

ユーハイム・ディー・マイスター・ショップでは、カール・ユーハイムのオリジナルレシピに基づいて当時の味を再現したデア・バウムクーヘンや、直径は約7センチほどだが、長さが約30センチもあり、スリムなフォルムが独特なバウムクーヘン・トゥルムなど、今までのバウムクーヘンとは一線を画する斬新なデザインの商品が揃っている。

ほかに、個性豊かなビスケットもギフトに最適。グリム童話などをモチーフにペーター・シュミットがデザインし、日本では数少ないマイスターの称号を持つ安藤明シェフが、そのデザインをベースに作り出すロマンチックなフレッシュケーキ、コラボレーションも人気がある。

ディスプレイもおしゃれなギフトコーナー

お品書き

デア・バウムクーヘン ········1500円～
バウムクーヘン・トゥルム ····1000円～

ユーハイム・ディー・マイスター丸ビル店

☎03(5220)3301
千代田区丸の内2-4-1 丸ビルB1F
ＪＲ東京駅丸の内南口から徒歩1分
営業時間　11～21時（日曜、祝日は～20時）
定休日　無休
駐車場　なし
地方発送　可能

形もかわいらしい銀座マカロン

ホテル西洋銀座の
銀座マカロン

外はさっくり中はしっとり
ホテルオリジナルのフランス菓子

白亜の外壁がエレガントなホテル西洋銀座のケーキショップ。素材や味、形にこだわったケーキのほか、クッキーやマカロンを揃えている。

　フランスの伝統菓子の代表ともいえるマカロンは、それぞれの地方により独自の味があるが、これをホテル西洋銀座流にアレンジしたのが銀座マカロン。普通は楕円形のマカロンをまん丸にし、表面がカリッと焼けた生地の中に、ラムレーズンの味わい豊かなバタークリームが潜んでいる。

　銀座マカロンのほか、定評があるのが生ケーキ。シェフの個性を生かしたケーキが、常時20種類ほど並んでいる。

　シェフパティシエの浦野さんはまだ若手でありながら、ジャパンケーキショー

拡大地図 P008　広域地図 P236

エレガントで繊細な味わいのケーキが揃う

の銀賞や東日本洋菓子コンテスト大会会長賞準優勝をはじめ、数々のコンテストで何度も入賞した経験を持つ実力派だ。

センターに野いちごのジャムを使ったレアチーズケーキのエベレストは、生ケーキの定番中の定番。

パパマンガは、カラメルクリームやチョコレートガナッシュ、フルーツクリームなどが美しい層を織りなす。

そのほかにも色や形のバランス、味を考えながら、繊細で味わいのあるさまざまなケーキを作っている。

お品書き

銀座マカロン6個入り	1300円
生ケーキ	250円

ホテル西洋銀座ケーキショップ

☎03(3535)1111(ホテル西洋銀座)
中央区銀座1-11-2ホテル西洋銀座B1F
地下鉄京橋駅から徒歩1分
営業時間　11時30分～21時
定休日　無休
駐車場　ホテル駐車場利用
地方発送　マカロン可

八重桜の塩漬けの塩気がほんのりきいた桜あんぱん。へそのある形もかわいらしい

木村屋の

酒種あんぱん

拡大地図 P009 広域地図 P236

　あんぱんの元祖としてあまりに有名な木村屋總本店。西洋のパンで日本の餡をくるむという画期的な発想のあんぱんは、今から１３０年も昔に生まれた。

　木村屋總本店の初代木村安兵衛が、日本人初のパン店を開いたのは明治２年（１８６９）。しかし、当時はパン作りに欠かせないイーストが日本にはなく、代用品でまかなっていたことが、あんぱんの発明につながった。

熟練の職人が今も手で一つひとつ餡を詰める

　パンの柔らかさを出すために苦労した安兵衛は、酒饅頭の酒種を利用することを考え、中身には饅頭の餡

今も銀座で手作りする本家本元のあんぱん

焼き上がり後に木箱で寝かせることで艶としっとりした味わいが生まれる

を入れることにした。こうしてできたのが酒種あんぱんだ。同7年に売り出したところ大評判を呼び、明治天皇にも献上されてたいそう気に入られたという。

　酒種は天然酵母の一種。イーストなら4時間ほどでできるパン生地が、酒種だと一日以上もかかるが、香りや味わいは酒種の方が勝るという。銀座のメインストリート、中央通りに面した店の7階では、伝統の酒種を使ったあんぱんが現在も作り続けられている。明治天皇に献上した当時のままの、八重桜の塩漬けを中央に添えた桜、けしの実をまぶしたけし、白餡を使った白、マンゴーや抹茶などの季節あんぱんなど、常時10種類ほど揃っている。5日間ほどは日持ちするから、地方へのみやげにもいい。

　イーストの代わりに酒種を使うことから生まれたあんぱん。木村屋總本店銀座本店では、あんぱんのほかにも、伝統の技術を生かしたデニッシュやフランスパンなど、全部で120種類ほどのパンを毎日作っている。

お品書き

酒種あんぱん（桜、けし、小倉、白、うぐいす、チーズクリーム）……………各120円
クリームパン、ジャムパン、栗パン……………………各150円

木村屋總本店 銀座本店

☎03（3561）0091

中央区銀座4-5-7
地下鉄銀座駅A9出口からすぐ
営業時間　10時～21時30分
定休日　無休
駐車場　なし
地方発送　可能

飾りのないスタイルながら味わい豊かなチョコレート

和光チョコレートショップの
ショコラ・フレ

　フランス語で生チョコレートを意味する「ショコラ・フレ」の専門店として昭和63年にオープン。フランス製の最高級原料チョコレートと北海道の新鮮な生クリーム、くだものやナッツ、蜂蜜など世界中から選りすぐった素材を使って、28種類の生チョコレートを一粒一粒ていねいに手作りしている。

　カカオの苦味が生きているグアナラ、木いちごの酸味がきいたフランボワーズ、オレンジ風味のチョコクリームが入ったマントン、オレンジピールにチョコレー

チョコレートその味わいがいいチョコレートケーキ各種

拡大地図 P009　広域地図 P236

絹のようになめらかな口溶けのフレッシュなチョコレート

トをコーティングしたオランジェットなど、いずれもパリッと固いチョコレートの殻の中に柔らかな生地がひそみ、なめらかな口どけのよさが持ち味だ。食感を大切にするため、飾りを極力減らしたシンプルな形が特徴。作りたての風味や香りをそのまま味わえるようにと、徹底管理された自家のアトリエで作られてすぐ店に運ばれてくる。

粒チョコレートのほか、フランスの伝統菓子マカロンやチョコレートケーキも揃え、バレンタインデーには専用のチョコも加わる。「大人のためのチョコレートショップ」をコンセプトにしており、店内のカウンターでは、チョコレートドリンクなどでひと休みもできる。チョコレートケーキは常時6種類。小麦粉をほとんど使わない、チョコレートがそのままケーキになったような濃厚な味わいが独特。最高級のコニャックをふんだんに使ったピエールジョゼフは男性のファンも多いとか。

お品書き

チョコレート1粒 ……………180円
（オランジェット100g ……1600円）
（トリュフ1粒 ……………170円～）
チョコレートケーキ ………500～600円

和光チョコレートショップ
☎03（3562）5010
中央区銀座4-5-4
地下鉄銀座駅A9出口からすぐ
営業時間　10時30分～20時（日曜、祝日は～19時）
定休日　無休
駐車場　なし
地方発送　チョコレート可

ふんわりした食感が楽しめるトリュフ

さっくりと食べやすい 伝統の小麦粉せんべい

昭和初期に五代目が描かせた三味胴の見本帳の図柄が今も使われている

松崎煎餅の 三《しゃ》味《み》胴《どう》

創業は文化元年（１８０４）。現地に店を移してからもすでに１３０年以上がたつ、銀座の老舗中の老舗。もともと和菓子店だったが、銀座に移った際に向かいが和菓子店だったため、遠慮してせんべいを商うことにしたという。当時のせんべいといえば、小麦粉と砂糖だけを使う瓦せんべいが一般的だったが、明治初期に三代目が卵を混ぜて高級なせんべいを作り、さらに大正時代には四代目がコテで焼き印をつけ、糖蜜で絵柄を書き込んだ名物の三味胴《しゃみどう》が誕生した。

素材など昔にも増して厳選したものを使う現在の三味胴だが、四角い形とさっくりとした歯ざわりは昔と変わらない。

図柄も春なら桜や鶯、夏にはアヤメや花火など、季節ごとに32種類が入れ替わるなど、見る楽しさもある。さらに丸い形の三寸丸も新しく加わった。

結婚式や内祝いのプレゼ

拡大地図 P009 広域地図 P236

米のせんべいやあられは歯ごたえのよさが持ち味

ント用に、名前やオリジナルの図柄を入れることもできる（1枚80円～）。ほかに小麦粉のせんべいには格子柄、豆入りなどがある。

　米のせんべいも、薄焼きで食べやすい草加せんべいや、海苔を巻いたり揚げたりなど趣向を凝らしたあられも豊富に揃っている。コシヒカリを原料に、天然だし入りの醤油を使った草加せんべいは、パリッとした歯ごたえが好ましい。

　パック入りのほか、各種詰め合わせも種類が揃い、銀座の手みやげとして親しまれている。

お品書き

三味胴1色	100円
三味胴2色	120円

松崎煎餅本店

☎03（3561）9811

中央区銀座4-3-11

地下鉄銀座駅B4出口からすぐ

営業時間　10～20時（日曜、祝日は11～19時）

定休日　無休

駐車場　なし

地方発送　可能

愛らしい形で親しまれている栗かのこ（左）と鶯かのこ（右）

鹿乃子《かのこ》の かのこ

銀座の中心、銀座四丁目交差点そばに店を構える昭和21年創業の和菓子店。和紙店鹿島の子どもが始めたのが店名の由来。昭和30年頃に創作した店名と同じ名前の菓子「かのこ」が話題となり、やがて銀座みやげとして定着した。

かのこは求肥《ぎゅうひ》の芯を餡でくるみ、さらに蜜漬けの豆で包んだ江戸時代から伝わる和菓子だが、この店では、伝統の小倉餡の小倉かのこだけでなく、栗かのこ、鶯かのこ、京かのこ、しぼりかのこ、うずらかのこの5種を新たに作り、同じかの

店は三愛西側のすずらん通り沿いにある

拡大地図 P009 広域地図 P236

豆の風味がじっくり味わえる
柔らかな口当たりの生菓子

美しい化粧箱入りの花かのこ

こでも、味の変化を楽しめるように工夫した。

栗かのこには丹波産などその時期の一番おいしい栗を用い、餡は黄身餡。小倉餡には黒糖の風味を加えた特別に太らせた備中大納言を合わせ、青えんどうの鶯かのこには抹茶餡、虎豆のしぼりかのこにはあっさりとした赤餡、大正金時豆のうずらかのこには塩餡など、それぞれの豆に合った餡を使っている。

最上級の素材を使うのはもちろんだが、今も機械は使わず、一釜一釜職人自らが指で触れながら豆の炊き具合を見守るのが、変わらぬ味の秘訣だ。

かのこには、大粒の花かのことひと口サイズの姫かのこの2サイズがあり、さらにかのこと季節の菓子を2個パックにした花ぱっくや、かわいらしい化粧箱入り、日持ちのする密封パックも揃えるなど、持ち運びや目的に合わせて商品を選べるように工夫されている。

お品書き

姫かのこ5個入り（サービス箱）‥680円～
花かのこ 6 個入り（花化粧箱）‥1440円～
花ぱっく（小倉 2 個入り）　……440円～

鹿乃子 本店

☎03（3572）0013

中央区銀座5-7-19

地下鉄銀座駅A1出口からすぐ

営業時間　10時30分～20時30分（金・土曜、祝前日は～21時）
定休日　無休
駐車場　なし
地方発送　可能

伝統の味をそのまま持ち帰れるカップ入りのあんみつ。奥は、あんみつと並んで人気があるみつ豆

銀座若松の あんみつ

銀座を代表する甘味として知られる、若松のあんみつ。上野で菓子店を開いていた初代森半次郎が、明治27年（1894）に銀座尾張町（現在地）に店を開いたのが始まり。当時はていねいに作る小豆餡の味わいが好まれて、汁粉が評判になったという。

　餡をもっと食べたいとの客の要望から、二代目が昭和5年に考え出したのがあんみつだ。それまでは駄菓子だったみつまめに、和菓子店の上質な餡をドッキングさせ、さらに甘い蜜をかけたところ、これが大成功をおさめた。専売特許にすることなく公開したことで、あんみつは現在の甘味のスタンダードに成長した。

　あんみつの製法は昔と同じ。伊豆七島でとれる寒天、北海道の小豆を使った自家製餡、北海道の赤えんどう豆の塩味が、味をきりりと引き締める。

　現在の店は、銀座通りに面したビルの奥まったとこ

拡大地図 P009　広域地図 P236

歌舞伎役者にもファンが多い あんみつ元祖の粋な味わい

店内でいただくあんみつはボリュームたっぷり

飾り気のない店内で自慢のあんみつをじっくり味わいたい

ろにある。場所は意外に分かりにくいが、昼を過ぎる頃には、店内は買い物途中にひと息つく女性でいっぱいだ。

歴史がある店だけに、親子数代にわたるファンも多く、近くに歌舞伎座がある関係から、歌舞伎役者にも親しまれている。テイクアウト用の売店と喫茶室があり、店内で一服してあんみつを食べ、さらにおみやげ用に求める人も多い。蜜は白蜜、黒蜜のどちらかを選ぶことができる。あんみつと並んで、みやげ用にはみつ豆も好評だ。

お品書き

みやげ用あんみつ	550円
みやげ用みつ豆	500円
あんみつ（店内）	830円
クリームあんみつ	900円

銀座若松

☎03（3571）0349

中央区銀座5-8-20 銀座コア1F
地下鉄銀座駅A3出口からすぐ

営業時間　11〜20時
定休日　無休
駐車場　なし
地方発送　不可

箱を開けると、皮と餡の香ばしさが鼻をくすぐる

空也《くうや》の
空也もなか

銀座の並木通りにある和菓子店。玄関には、ただ「空也もなか」と書かれた暖簾が下がるだけで、引き戸の奥に帳場があるのみの飾りのない構え。だが、銀座の名店として知られた存在で、空也もなかは予約なしではなかなか買えない。

店の歴史は古い。明治17年（１８８４）に上野池之端に創業。初代が関東空也衆のひとりだったことから、空也念仏にちなんで店名をつけたという。創業当時の池之端といえば文人や芸術家が好んで住んだところでもあり、空也の菓子も多くの文学作品に取り上げられている。なかでも夏目漱石の『吾輩は猫である』には、名物だった空也餅が何カ所にも登場する。第二次世界大戦後は上野から銀座に移るが、素材を大切にした自家製、という基本は、今も守り通している。

看板の空也もなかは瓢箪型。焦げた皮が独特だが、これは初代が九代目団十郎

拡大地図 P009　広域地図 P236

を訪ねた折、古い最中を火鉢で温めて出したところ、その皮が焦げて香ばしく、最中の味を引き立てたことに由来するという。

　最中は餡と皮だけという極めてシンプルな菓子だけに、素材のよし悪しがすぐに出る。最上の小豆をていねいに仕上げた餡は甘味が豊かなため、やや濃いめに入れた日本茶との相性が抜群だ。添加物、保存料は一切用いないが、火入れが完璧なため一週間は日持ちする。作りたてを買い求めてすぐに食べると皮がまだなじんでおらず、ぱりぱりした皮が空也の特長と感じる人も多いそうだが、店では一日ほど置いて、しっとりと皮と餡がなじんだ頃の味がおすすめという。また、できるだけ安く提供するため、過剰な包装など一切なく、地方発送にも応じていない。毎日作る量が決まっているだけに、予約だけで売り切れてしまい、購入するには必ず予約が必要など、買う側にとってはなにかと不便な店ではあるが、手間を惜しまずに求めるだけの価値はある。

　空也もなかのほか、生菓子も作るが量はわずか。空也餅は冬場に時折販売する。

シンプルなスタイルの最中は餡と皮のハーモニーが命

禅の心にも通じる、素朴だが奥の深い味わい

お品書き

空也もなか10個入り（自家用箱）‥950円～

空也

☎03（3571）3304
中央区銀座6-7-19
ＪＲ有楽町駅から徒歩5分
営業時間　10～17時（土曜は～16時）
定休日　日曜、祝日
駐車場　なし
地方発送　不可

さっくりと歯ざわりのいいクッキー。どれも大ぶりで食べごたえがある

ウエストの
ドライケーキ

淡いクリーム色の包みを開くと同じ色合いの缶が。巻いてあるテープを慎重にはがして蓋を開ければ、大ぶりのクッキーやパイが顔を出す。老若を問わず、顔がほころぶ一瞬だ。さっくりとしたクッキーはどれも食べごたえがあり、ほどよい甘さが紅茶やコーヒーによく合う。

銀座7丁目の外堀通り沿いに店を構えるウエストは昭和22年にレストランとしてオープン。しかし開店半年後に施行された高級メニュー禁止の都条例により、製菓部分のみを残して喫茶店として再出発した。

昭和37年、西銀座地下駐

生ケーキの種類も豊富

拡大地図 P009　広域地図 P237

さくっと軽い歯ごたえの
リーフパイやクッキー

車場工事がドライケーキ誕生のきっかけとなった。工事により生ケーキの売上が減少。そのため、代わりの主力製品としてクッキーやパイなどドライケーキを作り、料亭などへ売り歩いた結果、徐々に評判を呼ぶようになった。

　現在、洋菓子の東京みやげの定番として人気のあるドライケーキだが、例えば、さくさくのリーフパイは東北地方山間部産の原乳とフレッシュバター、小麦粉を使い、256層にも折り畳み、葉の形に成形する。またクッキーのヴィクトリアは、一度焼いた厚めのクッキー生地の真ん中に国産いちごジャムを入れてさらに焼き上げるなど、人工の添加物や香辛料は使わず、すべて職人の手作業で手間を惜しまずに作っている。

　銀座本店は通りに面した売店と、奥に昔ながらの喫茶室がある。パリッと糊のきいたテーブルクロスが清々しい喫茶室は、小さいながらも往時のたたずまいを残す店として銀座でも貴重。生ケーキが好評で、なかでも、濃厚な味わいのクリームがたっぷり詰まった、こぶし大ほどもあるシュークリームはファンが多い。売店で手みやげにするのもおすすめ。

大きなシュークリームは男性のファンも多いとか

お品書き

ドライケーキ13個入り	2000円
リーフパイ10枚入り	1300円
シュークリーム1個	380円

ウエスト銀座本店

☎03（3571）1554

中央区銀座7-3-6

地下鉄銀座駅C3出口から徒歩3分

営業時間　9～午前1時（土・日曜、祝日は12～21時）

定休日　無休

駐車場　なし

地方発送　可能

柔らかくぷりぷりした食感を楽しみたい久寿もち

長門《ながと》の久《く》寿《ず》もち

創業は徳川八代将軍吉宗の頃。代々徳川家の菓子司を営んできた老舗の中の老舗だ。もともとは神田須田町にあったが、戦後に日本橋に移ってきた。

徳川家へ献上していた小麦粉のせんべいを復元したのが松風。味噌風味の瓦せんべいで、風味づけにけしの実がふられている。手間がかかるため、別の菓子の合間合間に作るので、残念ながら時々しかお目にかかれず、予約もできない場合も多い。

長門では生菓子や干菓子、羊羹などを作っているが、人気があるのが久寿もち。

進物用の詰め合わせがいろいろ揃う

拡大地図 P008　広域地図 P236

ビルの谷間の小さな店は300年の歴史がある名店

切り羊かんは短冊状に切ってあって食べやすい

東京でくず餅というと、小麦粉のでんぷんを発酵させて作ったものがほとんどだが、長門では本わらび粉で作っている。関西でいうわらび餅だが、昔は東京ではわらび餅の名が一般的ではなかったため、久寿もちと名づけたようだ。四季いつでもおいしいが、特に夏など冷やしていただくと、ひんやり、ぷりぷりした食感が涼を呼ぶ。

作りのていねいさが伝わる切り羊かんも好評だ。厳選した小豆の風味が口中にひろがり、後味もさっぱり。このほか、色鮮やかな千代紙を貼った手作りの木箱の中に、花や鮎など季節の風物をかたどった和菓子がきれいに並ぶ半生菓子の詰め合わせは、茶会などで親しまれている。

お品書き

切り羊かん、久寿もち ……… 各850円
半生菓子詰め合わせ ………… 1800円～

長門

☎03（3271）8662
中央区日本橋3-1-3
地下鉄日本橋駅B3出口からすぐ
営業時間　10時～18時
定休日　日曜、祝日
駐車場　なし
地方発送　半生菓子可、切り羊羹、久寿もち不可

黄金色に輝く栗甘納糖。甘さの加減がいい

銀座鈴屋の甘納豆

昭和26年の創業以来甘納豆ひと筋。看板の栗甘納糖はその年に収穫された栗を生で仕入れ、自社で甘露煮にして仕上げる。ベテランの職人が手で炊くのがほっこりとした味の秘訣。平成14年からはむき栗のほか、渋皮付きの栗甘納糖も売り出し、こちらも好評。渋皮をつけたまま炊き上げているため、実が柔らかく仕上がる。ほんのりとした渋みだが、渋皮にはタンニンが多く含まれていて、体にもよさそうだ。

ほかに、定番の大納言、白いんげんの大福豆、鶯、虎豆、お多福豆（そら豆）、

店頭ではていねいに商品の相談にのってもらえる

拡大地図 P008 広域地図 P236

ふっくら柔らかく炊いた
色合いもきれいな甘納豆

箱の六角亀甲模様もめでたい縁起物の三色甘納豆

丹波黒豆など、見た目もきれいで華やかな甘納豆が揃う。栄養豊富な蓮の実を甘納豆にしたのも銀座鈴屋が最初。甘くほろ苦い味わいが独特だ。

　甘納豆は漂白剤や保存料、着色料などを使用しない自然食品。ミネラルやビタミンも豊富に含まれ、現代人の食生活の補助食品としても最適だ。お茶請けとして日本茶ばかりでなく、コーヒーや紅茶にもおすすめ。

　折り詰めは量り売りが基本。栗とお多福の2色にしたり、あるいは栗を多めになど、自分好みの詰め合わせを作ってもらえる。小分けの袋入りで食べやすいサイズの「ひとくち」や、釜から揚げたてそのままの風味を生かした缶入りの「福六寿」もある。

　甘納豆のほか、技術を生かした栗ぜんざいも親しまれている。ふっくらと炊き上げた小豆と栗の味わいが舌とおなかにやさしい。

お品書き

五色甘納豆	1000円〜
ひとくち3個入り	500円〜
福六寿	250円〜

銀座鈴屋 日本橋店

☎03(3279)4680

中央区日本橋室町3-3-3

地下鉄三越前駅からすぐ

営業時間　9〜19時（土曜は〜18時）

定休日　日曜、祝日

駐車場　なし

地方発送　可能

飾っておきたくなるほど愛らしいバラの花の形のチョコレート（メルシーローズ13個入り）

メサージュ・ド・ローズの チョコレート

拡大地図 P008　広域地図 P236

　店名はフランス語で、バラのメッセージの意味。もともとチョコレートの卸専門だった会社が、チョコレートと一緒に夢を売りたいとの願いからバラの花型のチョコレートを作り出した。花を模したチョコレートはそれ以前からあったが、チョコレートだけで花びらの形を作るのは技術的に難しかったため、それまではマジパンの土台にチョコレートをコーティングしたものがほとんどだった。この店では、チョコレートだけで作ることに挑戦し、試行錯誤の末にきれいなバラの花が誕生した。

　平成元年に最初の店を代官山にオープンすると、雑誌やテレビでも紹介されて評判を呼び、今では通販が8割を占めるほど、各地からの注文が相次いでいる。

　カカオそのものの味わいが楽しめるフランス・ヴェイス社の4種類のチョコレートを使い、サイズも4種類。メルシーローズ、ソニ

エレガントでキュートな
チョコレート製のバラの花

ア、コラージュなどギフトに向く詰め合わせのシリーズがある。なかでもソニアのチョコレートは、花びらが3つに分かれ、中心のミルクから外側のビターまでそれぞれ味が違う凝った作りになっている。製法で特許もとったオリジナルだ。

友人などへのギフトならメルシーローズの詰め合わせもゴージャスだし、ソニアのパッケージもかわいらしい。

ホワイトとミルクを組み合わせたソニアの2個入りは、結婚式の引き出物にも人気とか。夏は2カ月ほど休業する。

3つの味が楽しめるソニア1個入り（奥は2個入り）

お品書き

メルシーローズ13個入り……3000円～
ソニア1個入り………………800円～

メサージュ・ド・ローズ本店
☎03（3561）1066
中央区京橋3-7-1
地下鉄京橋駅からすぐ
営業時間　10時30分～18時30分
定休日　日曜、祝日（夏季2カ月ほど休業あり）
駐車場　なし
地方発送　可能

黒を基調にしたハイセンスなディスプレイ

色合いもあざやか、ボリュームもたっぷりの玉子焼

つきぢ松露《しょうろ》築地本店の

玉子焼

築地場外市場にあり、いつも賑わっている玉子焼専門店。戦後に創業した当時は仕出しの玉子焼きを作っていた。昭和27年に会社組織に。転機になったのが昭和58年の三越出店。デパートで人目にふれることにより、次第にその名を知られるようになった。

仕出し用の大きさだったものを一般家庭向きに小さなサイズにしたり、うなぎや松茸などの具を入れた玉子焼を作ったことも、いっそう評判を高めた。

看板の玉子焼松露は、あっさりしていながらコクもある味わい。変わらぬ味と安心を届けるため、昔のままの変わらぬ味と定評のある茨城の都路の卵を使っているのも味の秘密。厳選した卵そのものの味に加え、秘伝のだしが後味を引き締めている。市販の糖度が高い玉子焼とは、ひと味違う食感だ。

具入りの玉子焼では、白焼のウナギを巻き込んだう

拡大地図 P008 広域地図 P236

築地場外で引っ張りだこのコクのある玉子焼

店舗の奥の工場で職人が一つひとつ順番に焼き上げていく

巻が、おかずにも酒の肴にもよく合う一品。ほかにも、山菜を加えた山菜焼き、丹波の栗を入れた丹波、香り高い松茸を入れて丹誠込めて焼き上げた松茸焼（9～12月）、ねぎの風味がいい合鴨焼、ほんのりとした桜色がきれいな桜えび入りの釜あげなど、種類豊富に揃う。甘味と酸味のハーモニーがおもしろい梅干し入りの紀州、玉子焼は甘いものとの常識を覆す、しっかりした辛さの辛党など、常に新しい味の追求を続けているのも人気の秘密といえそうだ。

お品書き

松露	560円
辛党	650円
紀州	820円
合鴨焼	920円

つきぢ松露築地本店

☎03（3543）0582
中央区築地4-13-13
地下鉄築地駅から徒歩5分
営業時間　4～15時
定休日　日曜、祝日、市場休場日
駐車場　なし
地方発送　可能

餡のおいしさをじっくり味わえる本饅頭

塩瀬の 本饅頭

初代は、南北朝時代に京都・建仁寺の僧、龍山徳見禅師に従って中国から渡ってきた林浄因。小豆餡入りの饅頭を日本で初めて作ったことから、和菓子の祖と敬われている。

室町時代、林浄因の作った饅頭は当時京で盛んに行われた茶会でもてはやされ、その名声はたちまち広がって後土御門天皇からは五七の桐の紋を拝領し、将軍足利義政からは日本第一番饅頭所の看板を贈られたという。その後も子孫は豊臣秀吉や徳川家康の庇護を受け、江戸開府とともに江戸に移り住んだ。林浄因から650年。現在の当主で三十五

ふんわりとした食べ心地の志ほせ饅頭

拡大地図 P008　広域地図 P236

和菓子の本家が作り上げた徳川家康ゆかりの上品な饅頭

代目という、まさに店そのものが和菓子の歴史といっても過言ではない名店だ。

家伝の銘菓である本饅頭は、七代目林宗二の創案による一品。大納言の小豆餡を薄い餅状の皮でくるんで、蒸したもので、徳川家康が長篠の戦いに出陣したときに献上したという、古いいわれのある銘菓だ。最上の小豆と砂糖を使った餡は柔らかく、あっさりとした甘さが身上。薄い皮を巻く技術が難しく、熟練の職人が一つひとつ手仕事でていねいに仕上げている。

本饅頭と並ぶもう一つの名物が、ふんわり柔らかい志ほせ饅頭。すった山芋に上新粉と砂糖を加えて練り上げた皮が特徴で、包みを開けるとふんわりと山芋の香りが漂う。食べやすいひと口サイズの大きさが受けて、帰省などの手みやげとして親しまれている。

現在の本店は、築地の聖路加タワーの脇にある。江戸時代には日本橋、明治以降は銀座で店を開いていたが、戦後、工場があった現在地に移ってきた。

都内各デパートに売店があるが、店はふえても「材料を落とすな、割（小豆に対する砂糖の割合）を守れ」との家訓を守り、和菓子の本家としての心を失わず、繊細な手仕事で商品を作り続けている。

本店の売場の奥には茶室の浄心庵がある

お品書き

本饅頭1個 ・・・・・・・・・・・・・・・・・・・・・・・250円
志ほせ饅頭9個入り ・・・・・・・・・・・・・850円〜

塩瀬総本家本店

☎03(3541)0776

中央区明石町7-14

地下鉄築地駅から徒歩10分

営業時間　10〜19時
定休日　日曜、祝日
駐車場　なし
地方発送　本饅頭のみ不可

趣味から始めた粕漬けが今では評判の看板の味

色合いもきれいな紅ざけの粕漬け

お品書き

粕漬け1切れ	400円
たらこ粕漬け200g	1200円
数の子200g	1600円

1切れずついねいに包まれている

田中商店の 紅鮭の粕漬け

北海道の塩鮭を扱う築地場外市場の仲卸だが、先代が趣味で始めた粕漬けが評判になり、雑誌などで紹介されると、地方からも引き合いが来るようになったという。紅鮭、銀だら、本さわら、きんめだいなどの魚のほか、試しに漬けてみたら、これがめっぽうおいしかったというたらこや数の子の粕漬けもある。

鮭を扱う店だけに、紅鮭は脂ののりもよく絶品。素材に負けないように、粕も1年間熟成させたひね粕を使う。粕の旨みが凝縮されて、素材の味がよりふくよかになるという。

田中商店

☎03（3541）7774

中央区築地4-8-4

地下鉄築地駅A1出口から徒歩2分

営業時間　6時～12時30分

定休日　水曜不定（市場休業日）、日曜、祝日

駐車場　なし

地方発送　可能

拡大地図 P008　広域地図 P236

茂助《もすけ》団子の だんご

築地市場場内の甘味処。日本橋に魚河岸があった頃から続く店で、河岸の人たちが食べてひと息ついただんごが今も名物だ。20年ほど前まではきりたんぽ風に1串に細長いだんごがついていたが、今では食べやすいようにと、餡は1串に3個、高山のみたらしだんご風に焼いた醤油は、1串に4個の丸いだんごが刺さっている。醤油、つぶ餡、こし餡の3種類があるが、市場で働く人たちにはやはり甘い餡が人気という。持ち帰りがほとんどだが、店内でも食べられ、熱いお茶とだんごでくつろげる。

拡大地図 P008　広域地図 P236

茂助団子

☎03（3541）8730
中央区築地5-2-1
地下鉄築地駅から徒歩5分
営業時間　5時～12時30分
定休日　水曜不定（市場休業日）、日曜、祝日
駐車場　なし
地方発送　不可

食べやすいサイズのだんご

市場の働き手が愛してきた ほどよい甘さのだんご

和気あいあいとしたムード

お品書き

醤油 ……………………………… 130円
つぶ餡、こし餡 ………………… 140円

皮の香ばしさが食欲をそそるたいやき

柳屋のたいやき

拡大地図 P008 広域地図 P236

人形町甘酒横丁の名物として、いつも行列ができている店。創業は大正5年（1916）。初代は製餡所に勤めて餡作りを習い、その技術を生かすためにたいやき店を開いた。その頃の人形町は表通りに呉服問屋などが並び、甘酒横丁には煮豆屋やお茶屋など庶民的な店が軒を連ねていたという。近くの馬喰町には繊維問屋も多く、住み込みの人たちのおやつとしてたいやきが愛されたという。

太平洋戦争で戦災にあい、再開したのは昭和27年になってから。戦後すぐに代用品でまかなうこともできたが、あくまで本物の味を出したいと、食料品の統制が解かれるまで出店を見送ったという。再開したものの、代用の甘味料を使った他の店のたいやきが5円なのに対し、値段の高い砂糖を使ったため、倍の10円で売らなければならなかった。そこで、本物の味を強調するためにつけたのが「高級た

皮はパリッと、中はほくほく食べごたえのあるたいやき

一枚一枚手で焼いていく。客が引きも切らず、焼けるそばから売れていく

いやき」の名称。今ものれんに残る「高級」の文字のいわれである。

　現在の二代目にもその意思は貫かれており、すべて目が届く範囲でまかなうため餡は豆から作る自家製で、もちろんすべて手焼きだ。年季の入った金型にタネを流し入れ、たっぷりの餡を置く。長く焼くと水分が飛んで皮の味が生かされないため、焦げがつくほどの強火で手早く焼き上げるのが基本。皮はパリッとしていながら、中身はもちっとしている、柳屋のたいやきのできあがりだ。

お品書き

たいやき……………………120円

柳屋

☎03(3666)9901
中央区日本橋人形町2-11-3
地下鉄人形町駅A3出口から徒歩5分
営業時間　12時30分～18時
定休日　日曜、祝日
駐車場　なし
地方発送　不可

酒粕によって素材の旨みがより引き出される

魚久《うおきゅう》の粕漬け

　人形町で魚店を営んでいた二代目が昭和15年に割烹料理店を開くと、そのみやげ用に出していた粕漬けが評判となり、昭和40年に粕漬け専門店として開店した。初代が京都で料理の修業を積み、その味を継承していることから当主である三代目が京粕漬けと命名。家庭用としてはもちろん、中元や歳暮などの贈答用として広く知られている。

　創業当初は品数も少なかったが、商品は時代とともに増え、現在では銀だらや鮭、本さわらなどの定番のほか、ほたて、ふぐ、えいひれなどの珍味、にしん、まながつおなどの季節もの、めだいの名で流通しているニュージーランド産の高級魚青ひらすなど、魚から貝やえびまで種類は豊富。どれも粕に漬けると、脂肪分が酒粕の酵素により豊潤な味わいに変わるが、特に秋から冬にとれる上質な銀だらは粕との相性がよく、旨みが引き出されていておい

拡大地図 P008　広域地図 P236

粕がよく染みこんだ ふくよかな味の粕漬け

ふくよかな味わいの銀だらの粕漬け

しい。トロかじきは刺身で食べてもいい最上の部分を贅沢に漬け込んだもので、粕によって風味がさらに深みを増す。

　一般に粕漬けは、粕を少し残したまま焼くのが普通だが、魚久の粕漬けは5日間ほど定温で漬ける独特の製法により、よく味がしみこんでいるため、粕を取り除いても味が変わらない。食べる際には流水で粕をよく洗い落とし、中火以下でじっくり焼くのがコツだ。

　1枚単位で買えるほか、詰め合わせも値段に合わせて多数揃っている。

お品書き（各1枚の値段）

銀だら	630円
鮭	530円
トロかじき	600円
本さわら	500円
ふぐ	470円

魚久本店

☎03(5695)4121

中央区日本橋人形町1-1-20

地下鉄人形町駅から徒歩2分

営業時間　9～19時

定休日　日曜、祝日

駐車場　なし

地方発送　可能

ほっこりとした黄金芋。真ん中には製法の秘密である穴が開いている

寿堂《ことぶきどう》の黄《こ》金《がね》芋《いも》

人形町通り沿いにあってひときわ人目を引く、レトロなたたずまいの店だ。もともとは京都先斗《ぽんと》町の河岸にあった店の名を譲り受けて日本橋蛎殻《かきがら》町で創業した店を、先々代が買い受け、明治44年（1911）に現在地に開店。関東大震災後の昭和初年に建て直したという現在の建物は、奇跡的に戦災を免れた。

玄関を入るとすぐ目の前が帳場で、そこで客はほしい数を伝える。干菓子や生菓子もあるが、ほとんどの客が名物の黄金芋を注文する。注文した品を待つ間には、茶がふるまわれる。暑い季節には冷たい麦茶、寒い季節には温かいほうじ茶と、さりげない心遣いがうれしい。

看板商品の黄金芋は、さつま芋の形の和菓子。明治30年代にはすでに売り出され、昭和20～30年頃は人形町や柳橋の花柳界で評判を呼んだ。

白いいんげん豆に卵黄を加

拡大地図 P008　広域地図 P236

焼き芋そっくりの和菓子は
ニッキの香りがアクセント

店内に入るとニッキのいい香りが鼻をくすぐる

えた黄身餡を身に、外側には芋の皮に見立てた皮をつけて成形し、細い針金を通して宙吊りにして天火で焼くという、凝った製法だ。材料は白ざらめ砂糖や菓子専用の粉など、時代とともに上質のものを使うようになったが、それ以外は製法から包装まで、すべて昔ながらの手作業だ。

　黄色い包装紙に包まれた黄金芋は一見軽そうだが、意外に食べごたえがある。皮にまぶしたニッキが独特の香りを漂わせ、日本茶のほか、中国茶やコーヒーなどにも合う。

お品書き

黄金芋1個 ························170円
10個折詰入り ··················1800円

寿堂

☎03（3666）4804
中央区日本橋人形町2-1-4
地下鉄人形町駅から徒歩2分
営業時間　9～21時（日曜、祝日は9時30分～17時30分）
定休日　無休
駐車場　なし
地方発送　可能

左からハゼ、しらす、アサリ、ゴボウの江戸前佃煮

日本橋鮒佐《ふなさ》の
江戸前佃煮

佃煮の元祖と伝えられる店。佃煮は幕末の頃、江戸の漁師町だった佃島の漁師が余った雑魚を塩煮にして保存食にしているのをヒントに、鮒屋佐吉が考案したものといわれる。佐吉は海の魚の代わりに、とりやすかった小鮒を開いて串に刺し、当時普及し始めた醤油で煮込んで鮒すずめ焼きとして売り出したところ評判を呼び、庶民的な江戸の味として広まっていったという。

鮒屋佐吉の佃煮の伝統は、日本橋鮒佐本店で今も守り続けられている。昔ながらの製法で作られる江戸前佃煮は、長年使い続けているタレが味の決め手。材料を同じ鍋で煮ていくが、昆布～えび～あさり～あなご・うなぎ～ごぼうの順で煮ると、素材の味がタレに移って旨みが増すという。やや濃いめの醤油味はご飯やおにぎりにぴったりだ。

ほかに、現代風に塩分や辛さを抑えたまろやか佃煮

拡大地図 P008 広域地図 P236

たれの旨みがご飯によく合う
江戸前ならではの辛口の佃煮

と、砂糖やみりんで味を柔らかくした甘口佃煮も作っている。まろやか佃煮は、煮る時間を短めにし、江戸前佃煮が塩分10パーセントのところを7パーセントに抑え、味を調整するためにだしを加えている。さっぱりとした味は子どもからお年寄りまで幅広く親しまれている。椎茸こぶ、とりそぼろ、ホタテ、山椒しらす、鰹ふりかけ、ごま昆布など、2種類以上の素材を組み合わせたものも多い。こうなごクルミ、黒糖クルミ、シジミなど、甘口佃煮はお茶請けにもいい。

商品はそれぞれ単品の袋入りのほか、自由な詰め合わせもできる。

隠れたおすすめ品が、常連に親しまれているこぶとカツオの合せダシ。沸騰した湯に袋ごと入れるだけで濃厚なだしがとれるすぐれものだ。これに砂糖と醤油、酒を加えれば、香り豊かな麺ツユができあがる。ご飯に佃煮をのせ、だし汁をかけていただくのもおつでおすすめ。

日本橋鮒佐本店

☎03(3270)2731

中央区日本橋室町1-12-13

地下鉄三越前駅から徒歩1分

営業時間　9時30分～18時30分

(日曜、祝日は11～16時)

定休日　第3日曜

駐車場　なし

地方発送　可能

店内は清潔で明るい

お品書き

江戸前佃煮小袋こぶ、ゴボウ……各450円

アサリ……800円

まろやか佃煮鰹ふりかけ……400円

こぶとカツオの合せダシ10袋……480円

形も味わいも豊富なパンが揃う

人形町タンネの

ドイツパン

ものまねではない本物のドイツの味を食べてもらおうと、平成5年にオープン。ドイツからパン作りのマイスターを招き、南ドイツ地方そのままのパンを出している。パンの味が日本風にならないよう、マイスターを2年で交代させるなど、その姿勢は徹底している。

ドイツのパンというと、ライ麦を使った酸味のあるパンをイメージする人も多いが、ライ麦をたっぷりと使う北部ドイツのパンに比べ、南ドイツ地方のパンはライ麦の割合は多くても50パーセントなので酸味が少なく、ライ麦の香ばしさが楽しめる。

ひまわりの種がたっぷり入ったライ麦50パーセントのひまわりブロート、シンプルなライ麦50パーセントのロッゲンプレーチェン、雑穀入りの生地をしっかりと焼いたロッゲンシュロートブロートをはじめ、主食向きのパンだけで40種類以上。小麦粉とイーストだけ

拡大地図 P008　広域地図 P236

右からカイザー、セーレンかぼちゃ種つき、ロッゲンシュロートブロート

ライ麦の味わいと香り豊かな南ドイツ地方のパン

で焼いた白パンのカイザーは、もちもちした食感に人気がある。くるみやフルーツを加えたパンもあり、バリエーションは豊かだ。

　手作りのパンは当日はもちろん、翌日でもオーブンに入れて温めると焼きたての味わいに戻る。どれも日持ちするため、宅配も受け付けている。

　11月～12月のみに作られる、ドライフルーツやナッツがたっぷり入ったシュトレンは、クリスマスシーズンならではのパン菓子として人気があり、全国からの注文も多い。

お品書き

ロッゲンミッシュブロートひまわり種入り ……600円
セーレンかぼちゃ種つき ……150円
カイザー ……75円
シュトレン（11～12月のみ）……800円～

人形町タンネ

☎03（3667）1781
中央区日本橋人形町2-12-11
地下鉄人形町駅A１出口から徒歩2分
営業時間　10～18時（土曜は～17時）
定休日　日曜、祝日
駐車場　なし
地方発送　可能

老舗イタリア料理店の歴史が詰まったクッキー

しっとりした味わいの半生ケーキやクッキーの詰め合わせ。パッケージも創業当時からのデザイン

お品書き

ハーゼルクッキー1箱 ……………… 2200円
写真の詰め合わせ ……………………… 1900円

キャンティの クッキー

昭和35年、飯倉片町に開店したイタリアンレストラン・キャンティは、ミュージシャンや作家などに愛され、若者の憧れの的だった。料理と同様にケーキやお菓子も、おしゃれなみやげとして人気を集めた。ヘーゼルナッツが香ばしい軽い食べごたえのハーゼルクッキーは、創業当時からの味。懐かしさに引かれて買う人も多いという。

マドレーヌなどのパウンドケーキや半生ケーキ、クッキー類はみやげに最適。好みに合わせて詰め合わせを作ってもらえる。

拡大地図 P008　広域地図 P236

キャンティ丸ビル店

☎03(3240)0105
千代田区丸の内2-4-1 丸ビルB1F
ＪＲ東京駅丸の内南口から徒歩1分
営業時間　11～21時(日曜、祝日は～20時)
定休日　無休
駐車場　なし
地方発送　可能

神田・本郷・根津エリア

滝野川七小
北区
アスカタワー
大龍寺
八幡坂通り
山手・京浜東北線
滝野川一小
田端駅
田端公園
田端
大久寺
東覚寺
田端銀座前
土佐屋
(P86)
赤紙仁王通り
駒込・田端
茶ノ水・神田
文京区
神田明神
天野屋
(P90)
芳林公園
昌平小
東京医科歯科大
本郷通り
湯島聖堂
湯島
地下鉄千代田線
昌平橋通り
外神田
中央通り
地下鉄銀座線
お茶の水
御茶ノ水駅
神田明神下
駿河台
御茶ノ水駅
神田川
秋葉原電気街
秋葉原駅
聖橋
昌平橋
日立製作所
総武線
明大通り
日大病院
ニコライ堂
地下鉄丸ノ内線
中央線
万世橋
神田局
新御茶ノ水駅
淡路公園
交通博物館
万世橋署
神田淡路町
竹むら(P62)
三井住友海上
近江屋洋菓子店
(P56)
須田町
千代田区
総評会館
笹巻けぬきすし
総本店
(P64)
淡路町
淡路町駅
神田須田町
万惣
(P58)
台下
靖国通り
小川町駅
多町大通り
神田小川町
地下鉄新宿線
小川町
神田駅
池之端一
旧岩崎邸
庭園
台東区
上野
山手線
切通公園
麟祥院
地下鉄大江戸線
天神下
上野御徒町駅
署
切通坂
湯島天神
つる瀬
本店(P66)
花月(P68)
湯島駅
地下鉄千代田線
地下鉄銀座線
中央通り
上野広小路駅
御徒町駅
屋総本店
6)
中坂
黒門小
湯島小
湯島

1 : 10,000

0 200m

地図の方位は真北です

東十条
東十条病院
東十条
下十条電車区
草月
(P88)
東十条駅
京浜東北線
中十条
北区
音羽
護国寺駅
音羽
地下鉄有楽町線
音羽通り
お茶の水女子大
文京区
講談社
群林堂
(P78)
大塚署
大塚署前
豊島区
地下鉄南北線
駒込図書館
駒込駅
駒込駅
駒込
駒込東公園
本郷通り
千駄木駅
菊見せんべい総本店(P92)
団子坂下
文京区
千駄木
ヘビ道
地下鉄千代田線
不忍通り
谷中
台東区
千駄木二
根津のたいやき(P80)
八重垣煎餅(P89)
根津
根津
本郷
東大前駅
文京六中
弥生
農学部
言問通り
本郷弥生
西片
西片二
すみれ堂
(P72)
弥生
工学部
西片公園
地下鉄南北線
慈愛病院
法・文学部
安田講堂
正門
東京大学
本郷局
三四郎池
本郷局前
石井いり豆店
(P82)
菊坂下
西片
文京区
教育学部
菊坂
長泉寺
法真寺
経済学部
赤門
清和公園
地下鉄三田線
本郷通り
本郷
春日駅
小石川
区民センター
春日駅
後楽園駅
春日町
文京ふるさと歴史館
本郷小
明月堂
(P74)
ジャンヌトロワ
文京区役所
春日
東富坂
春日通り
本郷三丁目駅
本郷三
本郷三原堂
(P70)
地下鉄丸ノ内線
本郷台中
La Qua
白山通り
本郷三丁目駅
東京ドーム

アップルパイは店自慢の味。店内で味見してから買ってもいい

近江《おうみ》屋《や》洋菓子店のアップルパイ

明治17年（1884）パン屋として創業。同28年（1895）に洋菓子も手掛けるようになってから、二代目が明治末期に渡米し、洋菓子の作り方を学んできたという。その技法を受け継ぐ四代目のご主人が吉田太郎さん。吉田さんの一日は、大田市場へ果物や野菜を仕入れに行くことから始まる。「自分の目で確かめた季節の食材が的確に入手でき、自ら出向くことで仕入れの値段も安くすみますから」と吉田さん。そのためか店に並ぶ商品は、みなリーズナブルだ。

店内は天井が高く開放感いっぱい

拡大地図 P054　広域地図 P236

季節ごとの旬のりんごを使い毎日、夕方に焼き上がる

生クリームといちごの酸味が素晴らしいいちごショートケーキ

人気は宅配（北海道と九州以外は翌日配達）もできるアップルパイ。りんごは津軽、ジョナゴールド、ふじ、アメリカ産など季節ごとの旬を使い、温度管理した専用の部屋で作られる。仕込みは朝。焼き上がりは夕方で、このときを目がけて行くと、あたたかなアップルパイが買える。予約も可能だ。甘酸っぱいりんごがたっぷりと入り、皮とのバランスもよく、至福のひとときが堪能できる。

腰のあるスポンジケーキに生クリームと丸ごとのいちごをたっぷりと使った、二段重ねのショートケーキも絶品。

すべての商品がドリンクバーのある店内で、セルフサービスで食べられる。スープも用意されていて、ドリンクは飲み放題500円。

お品書き

アップルパイ1カット	300円
ホール	2600円
いちごショートケーキ小	500円
いちごショートケーキ大	3700円

近江屋洋菓子店

☎03（3251）1088

千代田区神田淡路町2-4

地下鉄淡路町駅から徒歩1分

営業時間　9～19時（日曜、祝日は10～17時30分）

定休日　元日

駐車場　なし

地方発送　可能（一部不可）

四代目ご主人の吉田太郎さん

コンフィッツはみなお洒落な瓶に入っている

万惣《まんそう》のコンフィッツ

中央通りの須田町交差点近く、大きな看板が目印の高級果物店。

コンフィッツとはフランス語で「シロップ漬け」という意味。万惣のコンフィッツは、一つひとつ十二分に吟味した果実を用い、本来の味わいを生かすために糖分をできる限り減らし、甘みを抑えた傑作。種類は5つ。長野産のあんずを使ったのがアプリコットコンフィッツ。果実の皮をむかずに柔らかく仕上げてあり、あんずのさわやかな酸味が口の中に広がる。マロンコンフィッツは、世界で最高といわれるイタリア北部の

果汁はカクテルに使って楽しみたい

拡大地図 P054　広域地図 P236

シロップ漬けのコンフィッツは老若男女に喜ばれる贈り物

マロニー種とナポナス種の栗を使用。シロップの中にはアフリカ産の天然バニラビーンズが入っている。口に含むと適度な甘さにほろ苦さも感じられるキンカンコンフィッツは大人向き。大久保種の白桃にレモンの香りをほどよくきかせたピーチコンフィッツは、子どもにも喜ばれる。チェリーコンフィッツはジューシーなアメリカ産のさくらんぼを使い、キルッシュワッサーの名品・オランダ産のボルスを添加した独特な味わい。どれもみな、シロップに洋酒を加えれば、口当たりのよいカクテルが楽しめる。

ジャムはヨーグルトなどに添えてもおいしい

万惣はジャムにも力を入れている。ジャムに最適な品種を厳選し、完熟させてから用いる。甘味を抑え、果物本来の味と天然のフレーバーが調和した素晴らしい風味に仕上がっている。店の5階にはフランス料理のレストランもある。

お品書き

コンフィッツ1瓶	3500円〜
ジャム3個入り	3300円〜
ジャム5個入り	5600円〜
ジャム6個入り	6900円〜

万惣

☎03(3254)3711

千代田区神田須田町1-16

JR神田駅から徒歩5分

営業時間　9時〜18時30分

定休日　日曜、第3土曜、祝日

駐車場　なし

地方発送　可能

雰囲気よく品物を並べた果物売り場

11月の和生菓子。奥が落葉、右が織部、左が山路

さゝまの

和生菓子

昭和4年にパン屋として創業。その2年後に和菓子を作り始め、昭和9年からは和菓子ひと筋の商い。千代田通りに面した建物は鉄筋だが、1階に店舗をおく外観は小粋な造り。小ぢんまりした店内も風情ある木造だ。

　さゝまの生菓子は6～8品が月替わりでケースに並ぶ。各月ごとの生菓子には雅な名が付けられ、見た目にも風流。たとえば4月は木の芽田楽、花筏《はないかだ》、都の春、春霞など、6月なら紫陽花《あじさい》、麦秋、早苗きんとき、撫子《なでしこ》といった具合。2月の節分、7月の七夕などにちなんだ

小ぢんまりした店内は風情たっぷり

拡大地図 P054　広域地図 P237

最上の原料と昔ながらの製法で一つひとつ心を込めて作る

皮に松葉の模様を入れた松葉最中。12個入りや16個入りもある

菓子は1週間から10日ほどでケースから姿を消す。夏期は2カ月間同じだが、その中の1～2点は変わる。みな形だけではなく、彩りからも季節感が見て取れる逸品だ。小豆は北海道産の上質なものを使い、餡はていねいに仕上げる手作り。もちろん添加物などは一切使用しない。だから賞味期限は買った次の日まで。

年間を通して売られているのは松葉最中と本練羊羹。皮に松葉の模様を入れた松葉羊羹は上品な味わいでファンも多い。本練羊羹には黒糖入りもある。

お品書き

和生菓子1個	各270円
20個入り	5620円
松葉最中1個	110円
24個入り	2800円

さゝま

☎03（3294）0978

千代田区神田神保町1-23

地下鉄神保町駅から徒歩5分

営業時間　9時30分～18時
定休日　日曜、祝日
駐車場　なし
地方発送　羊羹のみ可能

揚げまんじゅうは6～25個入りまで希望の数をみやげにできる

竹むらの
揚げまんじゅう

交通博物館の周辺は、かつて連雀町と呼ばれた繁華街だったところ。交通博物館は昭和11年まで万世橋という駅で、今も中央線の線路に沿って古いプラットホームが残っている。この周辺のメインストリートだったのが交通博物館の西側から外堀通りへ抜ける路地。ここには今も旧連雀町の情緒を伝える町並みが、ごく一部保たれ、万世橋駅が賑わった頃の面影を偲ぶことができる。竹むらも、その一軒で、建物は東京都選定歴史的建造物の指定を受けている。

テーブル席のほか畳の席もある

拡大地図 P054 広域地図 P236

注文を受けてから揚げてくれる まんじゅうの天ぷら

竹むらの創業は昭和５年。当時、神田に本格的なしるこ屋がなかったことから、しるこ屋らしいしるこ作りを目指して開業。今でもしるこを中心に営業する甘味処だが、まんじゅうに小麦粉の衣をつけて揚げた揚げまんじゅうで知られる。甘さを控えた餡は北海道産の小豆を原料とした自家製で、伝統の味を今に伝えている。注文を受けてから揚げてくれるので、熱々を買うことができるほか、店内で（一人前２個４３０円）食べることができる。香ばしさにも食欲をそそられる。保存料などは一切使用していないため賞味期限は２日間。自家製の餡、蜜、豆などを使ったあんみつもみやげにできる。

　店内は日本情緒たっぷりの小粋な造り。天井や壁、柱、障子などに古い歴史が見て取れる。春から夏は氷しるこ、秋から冬は栗ぜんざいなどが店内で甘味を楽しむ人に人気だ。

春から夏にはあんみつをみやげにする人も多い

揚げまんじゅうにはこし餡を使用

お品書き

揚げまんじゅう6個入り	1290円
10個入り	2150円
20個入り	4300円
あんみつ1個	510円

希望の数でみやげ可能

竹むら

☎03（3251）2328

千代田区神田須田町1-19

JR秋葉原駅から徒歩5分

営業時間　11～20時

定休日　日曜、祝日

駐車場　なし

地方発送　不可

ふたを開けると笹とすし飯の香りがいい。電話注文もできる

笹巻けぬきすしの
笹巻けぬきすし

笹巻けぬきすしの起源は、遠く戦国時代にまで遡る。その当時は戦陣の兵士のもとへ、笹の葉に包んだ飯が兵糧としてよく運ばれていたという。この故事にちなんで初代が元禄15年（1702）に笹巻すしを始めた。毛抜きで魚の小骨を抜くことから、やがて笹巻けぬきすしと呼ばれるようになった。江戸時代には安宅の「松の鮨」、両国の「与兵衛」とともに江戸三鮨の一つに数えられ、江戸名物として多くの人々の舌を堪能させてきたという。

笹巻けぬきすしは、握り

笹は一つひとつ手で巻く

拡大地図 P054 広域地図 P236

かつて江戸三鮨に数えられた
元禄時代からつづく江戸名物

小ぢんまりした店内は、すし屋というより和菓子舗のよう

包装紙にも風情がある

ずしを笹の葉で巻いたもの。ネタは鯛、おぼろ、玉子、海苔、えび、光り物、白身魚の7種類。光り物は春は鰆、夏は鯵やさより、秋から冬はこはだが主。白身魚は青鯛、わらさ、かんぱちなどで、春にはあわびや貝柱を用いることもある。魚類は一日塩漬けにし、一番酢で一日しめ、骨抜きをして、さらに少し弱い二番酢に3～4日漬け込む。えびは生きた「まき」を使い、ゆでて開いてから、砂糖を少々加えた甘酢に漬けて用いる。昔は長く保存するために塩や酢をたっぷりと使ったが、今は塩も酢も控えめ。おはぎの餅のような粘りのあるすし飯も特徴で、作りたてより笹の香りが馴染む3時間ほど経ってからのほうが、よりおいしく食べられる。

お品書き

笹巻けぬきすし5個入り	1050円
笹巻けぬきすし7個入り	1575円
笹巻けぬきすし10個入り	2047円
笹巻けぬきすし15個入り	3076円
笹巻けぬきすし20個入り	4095円

笹巻けぬきすし総本店

☎03（3291）2570

千代田区神田小川町2-12

地下鉄小川町駅から徒歩2分

営業時間　9時～18時30分

定休日　日曜（祝日不定休）

駐車場　なし

地方発送　不可

粘りのある餅に塩っ気のある豆がよく合う豆餅（右）と豆大福

つる瀬の

豆餅、豆大福

昭和5年創業。伝統の豆餅や豆大福は、餅の割合に比べて北海道十勝産の赤えんどう豆を多めに入れるのが特徴。前日に蒸した豆をもう一度蒸して柔らかくし、熱い餅に平均に散らして混ぜていく。もち米も納得したものだけを使い、石臼で餅を搗く。

添加物は一切使わず、餅、餡、塩、豆だけで作るので、微妙な塩加減で味が変わる。餅の搗き加減も食感に大きく影響するため、慎重に調整するという。

また餡は、大粒で皮が薄く香り高い、最高級の十勝産の手より豊祝小豆を特別なアクきりでゆで、上質なざらめを加えて一晩寝かせるという念の入った作り方。柔らかな餅のおいしさが味わえる豆餅、餡と餅と豆が三位一体となった豆大福と、どちらも甲乙つけがたい味に、両方を買い求める人も多い。

ほかにも、湯島天神の梅の花をモチーフに、梅餡を

拡大地図 P054　広域地図 P228

ふっくらと柔らかい豆たっぷりの豆餅、豆大福

梅の香りが楽しめるふく梅（手前）。
奥は黒糖の味が生きた墨丸

ういろうで包んだふく梅、黒糖で作ったのどごしがいいわらび餅墨丸も評判の味。うぐいす餅やくず桜はじめ季節の生菓子や、羊羹、焼き菓子、どらやきなど、和菓子類の種類は多彩だ。

つる瀬本店

☎03（3833）8516

文京区湯島3-35-8

地下鉄湯島駅4番出口からすぐ

営業時間　8時30分～21時
定休日　無休
駐車場　なし
地方発送　豆餅、豆大福は不可

お品書き

豆餅	120円
豆大福	140円
ふく梅	170円
墨丸1箱	1000円
上生菓子	240円
栗かの子	280円

飴色が美しいかりんとう

花月《かげつ》のかりんとう

かりんとうといえば、揚げた生地に黒糖をからめたものがおなじみだが、花月のかりんとうは、太めの棒状の生地を飴色の釉薬《ゆうやく》で仕上げたような、透明感ある色合いが目を楽しませてくれる。カリッと揚がった歯ごたえのよさと、生地のきめの細かさ、からめた飴の甘さが独特。駄菓子風とも昔風ともひと味違うかりんとうとして、全国から引き合いがある。

終戦後、子ども相手の駄菓子屋をやっていたが、あるとき砂糖湯を火にかけていたところ、煮詰まって飴になってしまった。それを手軽に作れたかりんとうにかけてみたら、今までになくおいしいかりんとうができたのだという。かりんとうに飴がけをするという製法は他にはなく、唯一の製法として特許もとっていた。

昭和30年代に劇場のこけら落としの引き出物として配られると評判を呼び、京都先斗《ぽんと》町の店のみやげに使

拡大地図 P054　広域地図 P228

かりかりと歯ごたえのいい
透明感あふれるかりんとう

梅塩味やかりんとうの飴をからめたあられなど、せんべいにも特色がある

われたりなど、ひいき筋は幅広い。

　現店主の溝口さんは、贈り物は贈る喜び、贈られる喜びの両方の喜びが合わさったものという考えから、かりんとうの味はもちろん、入れものの缶やパッケージにまでこだわっている。特に昔懐かしい丸い缶は今ではもう機械で作ることができず、特注で作ってもらっているもの。製缶した後で色や取っ手を付けるほど、手間がかかっている。かりんとうのほか、梅塩味や飴をかけたあられ、揚げせんなどのせんべいがある。

お品書き

かりんとう袋詰め ……………600円
丸缶入り ………………………1600円～
煎餅袋詰め ……………………300円～

花月

☎03（3831）9762
文京区湯島3-39-6
ＪＲ御徒町駅から徒歩5分
営業時間　9時30分～18時
定休日　日曜、祝日
駐車場　なし
地方発送　可能

黒餡（写真）のほか、白い皮に白餡入りの大学最中も好評

本郷三《み》原堂《はらどう》の
大学最中

拡大地図 P055　広域地図 P229

東京大学のある町、本郷。この店は、その本郷三丁目交差点の角に建つ。東大にちなんで名付けられた大学最中は、初代のご主人が水天宮の三原堂で修業し、暖簾分けで独立した昭和7年の創業当時からのロングセラー。種類は黒餡と白餡の2つ。どちらも粒餡で、黒餡は大納言小豆、白餡は白いんげん豆を使用。さっくりした皮に、じっくりと時間をかけて仕上げた自慢の餡がたっぷり包まれている。形も風味も、飽きのこない素朴な味わいだ。朝の6時から、その日に販売する大学最中を作り始める。

　いわば三原堂流どら焼とでもいうべき本郷焼も人気急上昇。沖縄県八重山諸島の波照間島産の滋味と香り豊かな黒糖を使って、ていねいに焼き上げた皮で、刻んだ栗を混ぜたこし餡をはさんだもので、すっきりとした甘さ。どら焼より皮が薄く、口当たりもいい。季節ごとの上生菓子、旬の味

素朴な円形の大学最中は創業当時からのロングセラー

店はお使い物用などに菓子を求める客で賑わう

わいが楽しめる焼き菓子、軽い歯ざわりの塩せんべいなどもある。すべての和菓子が仕込みから製造、包装まで一つひとつ心を込めた手作業だ。交差点をはさんだ北側の向かいには、直営の「ジャンヌトロワ」という洋菓子店が建つ。

お品書き

大学最中1個	200円
大学最中10個入り	2200円
※2種類を取り混ぜて希望の数でもみやげ可能	
本郷焼1個	120円
本郷焼10個入り	1400円

本郷三原堂

☎03(3811)4489

文京区本郷3-34-5

地下鉄本郷三丁目駅から徒歩2分

営業時間　9〜19時(祝日は10〜18時)

定休日　日曜

駐車場　なし

地方発送　可能、一部不可

栗入りのこし餡をはさんだ本郷焼

ほどよい塩味なのでお茶請けに最適。コーヒーにも合う

すみれ堂の バタータン

「タンタンタンタン、バタータン、すみれ堂のバタータン」。数年前まで流れていた知る人ぞ知るラジオCM。このCMが流れていた当時は、店の前を通りかかったタクシーの客が、わざわざ車を停めてバタータンを買い求めたという。

バタータンは昭和30年代に開発された欧風かきもち。当時は珍しがられ、店先に行列ができるほどの人気を呼んだ。今も根強い人気を保ち、すみれ堂の看板商品として定着している。味はえび、青海苔、チーズ、カレー、プレーンの5つ。ザクザクとした歯ごたえで、

草加純手焼せんべいも好評だ

拡大地図 P055　広域地図 P229

根強い人気のバタータンは
バター風味の欧風かきもち

店頭には各種のせんべいを組み合わせた多くの贈答品が揃う

しかもソフト。ほんのりしたバターの香りとほどよい塩味がさわやか。2枚1組で、各味ごとにセロハンに包まれている。

　コシヒカリ100％を使用した本格派の草加純手焼せんべい、最良のもち米を使って最高の技術で丹精込めて焼き上げ、ふるさとへのみやげとして人気の東京あられ、大豆やアーモンドの味を生かした柔らかなかきもちの手作りかきもち、抹茶や醤油など8つの味が楽しめる、ひょうたんをかたどったひさごづくしなどもみやげに手頃。

お品書き

バタータン小袋16枚入り	300円
バタータン進物用250ｇ	1000円～
草加純手焼せんべい10枚入り	800円～
東京あられ箱入り	1500円～
手作りかきもち缶入り	1500円～
ひさごづくし箱入り	1500円～

すみれ堂

☎03（3811）5200

文京区本郷6-25-14

地下鉄東大前駅から徒歩3分

営業時間　9～19時

定休日　土・日曜、祝日

駐車場　なし

地方発送　可能

甘食は今も２個１組で売られている。パンを入れる紙袋がレトロでいい

明月堂《めいげつどう》の 甘《あま》食《しょく》

明治25年（1892）創業。その約3年後に初代が甘食づくりを手がけ、販売を開始。今も当時の甘食の技法を守る、手作りにこだわる老舗のパン屋だ。

ご主人の中山章さんは都内のパン屋で10年余り修業し、先代の娘さんと結婚して後を継いだ四代目。「パン作りが自分の性に合っている」と、細い身体を懸命に動かす昔気質の職人。だが、頑固さはなく仕事中の顔は楽しげ。決して手を抜かぬパン作りが信条だ。

中山さんはこの道40年の大ベテラン

甘食の生地は小麦粉に卵、バター、砂糖を加えてすり鉢に入れ、すりこ木で混ぜ

拡大地図 P055　広域地図 P229

昔ながらの手法で作る口の中でとろけるような甘食

店内奥のガラス戸の向こうで中山さんが毎日パンを焼いている

タマゴパンのロゴも昔風

るという昔ながらのやり方で作る。すり鉢とすりこ木を用いると、空気が生地に混じり、フワッときめ細かに焼き上がるという。甘さもほどよく、カステラのような食感が特徴だ。もちろん冷めても味は変わらず、いつまでもさっくりとしている。一日200個余りを焼き、この店の甘食でないとダメだという馴染客が多い。予約すれば焼きたてを用意してくれる。

かつては離乳食や病み上がりの人用だったという懐かしいタマゴパンもある。カリカリとした歯ごたえで、もちろんこれも手作りだ。黒パンやあんぱんも創業以来の製法で作られている。昼どきは混雑覚悟で。

お品書き

甘食1組2個	140円
※希望の数でみやげ可能	
タマゴパン8個入り	300円
黒パン1個	120円
あんぱん1個	100円

明月堂

☎03（3811）5539

文京区本郷4-37-14

地下鉄本郷三丁目駅から徒歩2分

営業時間　8時～19時30分

定休日　日曜、祝日（土曜は不定休）

駐車場　なし

地方発送　可能

壺最中。屋号の壺屋は、砂糖を保存するのに壺を使っていたことに由来する

壺屋《つぼや》の
壺最中

「神頼みしないで、まず気力で行け」という意味の勝海舟の直筆『神逸気旺』（かみいつにしてきさかん）の書が店内を飾る、寛永年間（１６２４〜４４）創業の老舗。壺屋は江戸時代、徳川方藩邸が主なお得意だった。そのため明治維新後は、徳川の敵だった官軍に商品を売ることを拒み、店を閉めてしまった。しかし、馴染客の一人だった勝海舟に「これからは新しい世の中になるのだから、気にしないで店を続けなさい」といわれて再開したという。「今でも店を続けていられるのは勝海舟のおかげです」と、十七代目を数えるご主人の入倉芳郎さんはいう。

名物は壺の形をした壺最中。吟味した北海道産の小豆を使い、「口に入れたとき、皮と餡が同時にとけるのがいい最中だ」という先代の教えを守りながらの手作り。白皮はこし餡、薄茶の皮はつぶし餡入り。壺最

拡大地図 P054　広域地図 P228

勝海舟のひと言で店を再開した寛永年間創業の和菓子の老舗

壺々最中は丸型

中と人気を二分するのが壺々最中。こちらも壺屋を代表する明治時代から続く最中で、明治23年（1890）の内国勧業博覧会で有功賞を受賞している。壺屋はまた、江戸の町民が初めて菓子屋になった江戸根元菓子屋としても名高い。

お品書き

壺最中1個	140円
10個入り	1620円
壺々最中1個	80円
10個入り	930円

壺屋総本店

☎03（3811）4645

文京区本郷3-42-8

地下鉄本郷三丁目駅から徒歩5分

営業時間　9～19時（土曜・祝日は～17時）

定休日　日曜

駐車場　なし

地方発送　可能

十七代目（右）と十八代目の入倉喜克さん

食べれば納得の豆大福は素材にこだわった逸品

大きな豆をたっぷり使った豆大福

お品書き

豆大福1個	130円
15個入り	2188円
豆餅1個	130円

※どちらも希望の数でみやげ可能

ご主人の池田正一さん

群林堂《ぐんりんどう》の豆大福

「当日製造し、その日に売り切る」をモットーにするこだわりの和菓子店。豆大福は開店前から行列ができるほどの超人気商品だ。餡は北海道産の小豆、豆は北海道富良野産の赤えんどう豆をたっぷり使い、餅には厳選した東北のもち米を使用している。添加物を一切使っていないため、買った当日が賞味期限。14時頃までには売り切れてしまう。甘いものが苦手なら三角形の豆餅がおすすめ。ほどよい塩味が、餅と豆にぴったり合っている。

夏は水羊羹や葛桜、秋は栗むし羊羹など、季節ごとの和菓子も好評。

群林堂

☎03（3941）8281

文京区音羽2-1-2

地下鉄護国寺駅から徒歩1分

営業時間　9時30分～17時

定休日　日曜

駐車場　なし

地方発送　不可

拡大地図 P055　広域地図 P226

コラム1

岸朝子　思い出の味

たい焼きは庶民の味方

昭和もヒトケタのころ、小学生だった私ははじめて「たい焼き」に出会いました。寒い冬の夜、医学部受験の浪人だった叔父が着物の懐から「うまいぞ」といって取り出してくれたたい焼きはほかほかと温かく、世の中にこんなものがあったんだと感激しました。買い食いは禁じられていたので、叔父にせがんでときどき買ってきてもらいましたが、寒いときには懐炉のかわりにもなったのでしょう。思い出は冬の間だけです。たい焼きの老舗は何軒かあり、どこも好きですが、私がとくに好きなのは四谷一丁目近くのわかば。小麦粉を水で溶いて型に流し、パリッと焼いてしっとりとしたあんを頭からしっぽまでたっぷりと詰めてあります。カリッと焼けたしっぽから私は食べ始めますが、甘くふっくらとしたあんに叔父の顔が浮かびます。今も昔もたい焼きは庶民の味方ですね。

柳屋（42頁）／根津のたいやき（80頁）／浪花家総本店（160頁）／わかば（176頁）

元米副大統領をとりこにした 行列必至の絶品のたいやき

たっぷりの餡とパリッとした皮とのハーモニーが素晴らしい

お品書き

たいやき …………………………120円

根津のたいやきの
たいやき

冬なら店の前に長くできる行列に驚かされる。人形町の名店・柳屋の支店として昭和32年に開業し、その後独立した店である。

行列は一年中できるが、その列に並んだ一人に、元アメリカ副大統領で、後に駐日アメリカ大使を務めたモンデール氏がいる。最初はあいにくと売り切れ。次のときに並んで買ってもらったが、待っただけのことはあったのか、大使は感激して、味だけでなく日本の心を体験できたと、感謝の手紙が届いたという。量に限りがあり、早い時間に売り切れることも多い。

拡大地図 P055 広域地図 P228

根津のたいやき

☎03(3823)6277

文京区根津1-23-9-104

地下鉄根津駅から徒歩3分

営業時間 10時30分～売り切れ次第閉店
定休日 不定休
駐車場 なし
地方発送 不可

岸朝子

和菓子のすすめ

私たちが生まれ育った日本の国は、いまさらいうまでもないでしょうが、春夏秋冬と変化に富んだ四季があります。新幹線の窓外に見る冬枯れの山々が春の訪れとともに、うっすらともやを被ったようになったかと思うと一斉に芽吹きはじめ、浅黄色から輝くような濃い緑になり、紅葉してまた裸の木々になるといったぐあい。この四季の移ろいを感じさせるのは、現代の日本では和菓子だけだと思います。温室栽培や外国からの輸入品で果物や野菜の旬は薄れ、生花にも季節感が薄れてきました。その中で一月の花びら餅に始まり、二月はうぐいす餅、三月は桜餅、四月は草餅、と確実に季節を伝えてくれるのが和菓子でしょう。あんこものは太るから食べないとおっしゃる若い女性も多いのですが、カロリーは生クリームやバターをたっぷり使ったケーキよりは少ないのです。疲れたときのようかん一切れで、元気をとり戻すこともあるのです。和菓子は日本の素晴らしい食文化の宝石といえるでしょう。

選りすぐった大粒の豆だけを使った味付落花生

石井いり豆店の
落花生

四代目のご主人・石井晴雄さんと妻の史江さんの二人で営む庶民的な店。練馬から出てきた初代が浅草の豆屋で修業し、この地に店を開いたのが明治20年（1887）。木造の現店舗は昭和11年の建築で、半世紀以上も前の菓子屋の風情をたっぷり残している。各豆菓子を入れた、木とガラスでできたケースが懐かしい。丸いガラス瓶（地球瓶）のケースも、この店ではまだまだ現役だ。袋入りの豆菓子もあるが量り売りもでき、番重から袋に詰める際に使うブリキ製の器具も古い。もちろん豆も機械ではなく、昔ながらの振り網という手動の道具で、ご主人が店頭

シソ風味の紅梅豆（手前）、醤油味のおのろけ豆（奥）など

拡大地図 P055 広域地図 P229

建物も店内もひなびた雰囲気
豆菓子はすべて量り売りＯＫ

店内はエアコンと蛍光灯以外はほとんど昔のまま

仲睦まじい石井さんご夫婦

で煎る。落花生は20～30分、大豆なら1時間ほど。

おすすめは10月から6月中旬まで店先に並ぶ千葉産の落花生。なかでも丸々と太った粒選りの豆に、塩をまぶして煎った味付落花生が評判だ。バターピーナッツ、素煎り落花生もある。

落花生を醤油味の衣でくるんだおのろけ豆、塩味の磯錦、砂糖をまぶした落花糖、そら豆を煎っただけのシンプルな煎りそら豆も人気。

店内を眺めていると、古きよき時代の駄菓子屋を思い起こさせる、そんな懐かしさが残る店だ。

お品書き

味付落花生1袋200ｇ …………650円
おのろけ豆・紅梅豆・いそふね各1袋200ｇ
……………………………310円
※ともに希望の量でみやげ可能

石井いり豆店

☎03(3811)2457

文京区西片1-2-7
地下鉄春日駅から徒歩1分
営業時間　9～19時
定休日　日曜、祝日
駐車場　なし
地方発送　可能

袋入りと量り売りはお好みで

パリッとした皮は まるでせんべいのよう

進物用の揚最中は12個入り、18個入り、36個入りもある

お品書き

揚最中1個	150円
揚最中24個入り	3760円
南蛮焼1個	210円
南蛮焼24個入り	5200円

小倉餡の南蛮焼

中里《なかざと》の 揚最中

明治時代に日本橋で創業し、大正12年（1923）にこの地へ移転。四代目の鈴木俊さんご夫妻が仲睦まじく和菓子を作る、小ぢんまりした菓子舗。揚最中は米の粉を練ってゴマ油で揚げた皮で、たっぷりの小倉餡をはさんだもの。塩を振った皮はパリッとして、まるでせんべいのよう。自家製の餡は北海道産の小豆を使った上品な味。沖縄産の黒糖を皮に混ぜたどら焼の南蛮焼も進物にぴったりだ。

餡は小倉餡と上質な青えんどう豆のうぐいす餡（10～5月の販売）の2種。全商品、無駄を省くために個別包装はしていない。

中里
☎03（3823）2571
北区中里1-6-11
JR駒込駅から徒歩1分
営業時間　9～18時（土曜、祝日は～16時）
定休日　日曜
駐車場　なし
地方発送　不可

拡大地図 P055　広域地図 P223

向島の桜もちとだんご

最近は連休になるようにと日付が動きますが、1月15日は小正月、女正月と呼ばれます。この日、私は何十年ぶりかで浅草の観音さまに出かけました。夕暮れどきの待ち合わせだったので雷門から五重塔もライトアップされ、仲見世は通りの両側に紅白のまゆ玉が飾られ、華やいだ江戸の正月という雰囲気でした。お詣りをしたあとは言問橋を渡って向島に。女5人に男1人という昔の仕事仲間の新年会のためでしたが、さすが花街で日本髪に稲穂をさして黒紋付の褄をとった芸者に出会って感激。おみやげに長命寺の桜もちをいただきました。塩漬けの桜の葉の香りをほんのんりと移した薄い皮に包まれたあん、このあっさりした味と、葉を食べるか残すかの論議は昔と変わりません。隅田川を越えてきた言問橋脇の言問団子と桜橋脇の桜もちが花見、花火、月見と江戸の人たちの遊びを盛り上げてきた歴史は長く、私たちの子々孫々に伝えていきたい味です。

言問団子（114頁）／長命寺桜もち（116頁）

さつまいもの香りがほんのりと漂う芋ようかん

土佐屋の
芋ようかん

かつて子どもたちは、おやつといえば駄菓子屋で買い食いしたものだった。駄菓子屋には糸の付いた三角飴や変わり玉入りの餡ころ、そして一角ではもんじゃ焼なども食べられた。芋ようかんやあんこ玉も駄菓子屋の定番商品だった。

　そんな懐かしい味を売るのが土佐屋だ。「懐かしいばかりではなく、とにかくおいしい味作りに励んでいます」と、三代目のご主人・高橋功さんは目を細めていう。大正12年（1923）創業。高橋さんの師匠は先代の父親だった。「仕事ひと筋の親父で、そりゃあ厳しかったよ」。

　口では教えてもらえず、

やさしい顔の高橋功さん

拡大地図 P054　広域地図 P223

昔懐かしい芋ようかんなどに駄菓子屋の味がよみがえる

ただ父親の仕事を見て覚えたという。それから40年、高橋さんは今では大ベテランの職人として朝早くから仕事場に立ち、受け継いだ先代の味を作っている。

高橋さん自慢の芋ようかんは鹿児島産のさつまいもをメインに、季節ごとにほかの地域の芋をブレンドして使用。芋のアクを抜いて蒸し、裏ごしした芋の形を整えて出来上がり。芋に多少の砂糖を加えるだけで、ほかの添加物は一切加えていない。素朴だが、土佐屋の芋ようかんには昔の味がきちんと詰まっている。

こし餡を寒天で真ん丸く包んだのがあんこ玉。口に含むと懐かしい味が広がる。寒天は伊豆七島産の極上の天草を使った自家製で、昔ながらに2個1組で売っている。小豆に小麦粉を混ぜ、栗を加えて蒸した栗蒸しようかんも、昔ながらの味が楽しめる。

あんみつ（右）と豆寒も、みやげに最適

ほどよい甘さのあんこ玉（右手前）

お品書き

芋ようかん1本	200円
あんみつ1個	280円
豆寒1個	300円
あんこ玉1組2個で8組	560円
栗蒸しようかん1本	200円

※ともに希望の数でみやげ可能

土佐屋

☎03（3821）4913

北区田端2-9-1

JR田端駅から徒歩7分

営業時間　9時30分～19時

定休日　日曜不定休

駐車場　なし

地方発送　不可

黒糖の味わいがさわやかな
カステラのようなどら焼

ふんわりとした弾力が黒松の持ち味

お品書き

黒松１個	100円
御進物用10個入り	1180円

草月《そうげつ》の 黒松

昭和33年、何か新しい菓子を、と考案されたのが黒松。どら焼なのだが、皮はカステラ生地のようにふわふわと柔らかく、黒糖の香りと蜂蜜の甘さがいかにもやさしい味わい。皮に含まれる気泡が、適度な柔らかさと弾力を生み出す秘密で、その日の天気や温度などに合わせてメレンゲの立ち具合を調整するという。

昭和45年、全国菓子大博覧会で金賞を受賞した銘菓ながら、ここ20数年間変えていない値段の安さも魅力だ。お盆や年末など、帰省のみやげに１００個単位で買う人もいるとか。

拡大地図 P055 広域地図 P220

草月
☎03(3914)7530
北区東十条2-15-16
ＪＲ東十条駅南口から徒歩１分
営業時間　9～19時
定休日　火曜
駐車場　なし
地方発送　可能

八重《やえ》垣《がき》煎餅《せんべい》の

手焼き煎餅

創業昭和6年。今も店頭で手焼きのせんべいを焼いている。伝統の堅焼きの醤油せんべいは、生地にコシヒカリを使い、秘伝のタレは昔ながらの辛めの味わい。全国菓子大博覧会で名誉金賞や名誉大賞を受賞した、自慢の品だ。

ほかに商品は100種類もあるが、数年前からは女性にももっと食べてもらいたいからと、バジリコ味やペペロンチーノ味のイタリア系はじめ、ねぎ味噌、エビチリブラックペッパーなど、珍しい味つけのせんべいも作っている。スナック菓子のように食べられる、軽い食感のせんべいだ。

拡大地図 P055 広域地図 P228

八重垣煎餅

☎03(3828)7228

文京区根津1-23-9

地下鉄根津駅から徒歩3分

営業時間　10～19時

定休日　日曜、祝日

駐車場　なし

地方発送　可能

お品書き

バジリコ、ねぎ味噌、ペペロンチーノ、エビチリ

醤油 ……………………………… 各300円

手焼き煎餅 ………………………… 700円

バジリコやねぎ味噌、エビチリと多彩な味が楽しい手焼き煎餅

バラエティ豊富なせんべいが揃う

神田明神のお膝元、地下で作る天然発酵、天然熟成の甘酒

ほんのりした甘さが身上の甘酒

天野屋《あまのや》の明神甘酒

拡大地図 P054　広域地図 P228

文政年間（１８１８〜３０）の頃、神田明神から湯島天神にかけては、糀《こうじ》屋や味噌屋が１００軒以上も並ぶ江戸の調味料の一大生産地だった。自然の崖を利用して室《むろ》を掘り、糀を作ったという。その後度重なる地震で室が崩れたり、地中の室を利用しない製造法が定着。現在では神田明神門前の天野屋だけが、昔ながらの糀作りを続けている。

天野屋の糀作りは酒造りと同じで、甘酒に適した糀ができる冬場だけ行っている。かつて地下の室は、神田明神の下まで入り組んで続いていたが、周囲にビルが建てられるたびに分断され、現在は建物の下の部分だけを使用している。作り手は店主の家族のみ。一日３００キロの米を12月は毎日室に運び込む。米を一日水につけて翌日蒸かし、糀菌をつけて室に入れる。30度の温度を保ち、24時間置くと、香りもふくよかな糀ができあがる。暗く狭い室

北海道の「鶴の子」という粒の大きな大豆を使う芝崎納豆

の中で重い米や糀を扱う重労働だ。

　できあがった糀は甘酒や味噌の醸造に使われる。糀をさらに熟成させた甘酒は自然な甘みがやさしい。甘酒には良質のアミノ酸やビタミンB群が豊富で、江戸時代には夏バテ防止ドリンクとして、甘酒売りが夏の市中を回ったという。甘酒のほか、味噌も糀の旨みが生きている。

　神田明神の隣にあった芝崎道場で念仏の修行の際に食べたといういわれがある、芝崎納豆も江戸時代から続いている名物。

お品書き

明神甘酒1パック（4～5人前）	700円
江戸味噌500ｇ	1000円
芝崎納豆	300円

天野屋

☎03（3251）7911

千代田区外神田2-18-15

ＪＲ御茶ノ水駅から徒歩5分

営業時間　9～18時（祝日は～17時）

定休日　日曜、祝日（12月2週～4月2週は無休）

駐車場　なし

地方発送　可能

懐かしい抹茶や砂糖もある昔ながらの堅焼きせんべい

四角い堅焼きの醤油せんべい（左）と茶せんべい

お品書き

醤油せんべい1枚	50円
甘せんべい、茶せんべい1枚	60円

菊見せんべいの せんべい

明治の初め、みやげ用に売り出された当時と変わらない当店のせんべいは、今ではすっかり珍しくなった厚焼き。形も四角くてごつく食べごたえがある。醤油のほか、砂糖をかけた甘せんべい、抹茶砂糖がけの茶せんべい、唐辛子せんべいなどがある。

甘口の甘せんべいや茶せんべいは、ひと昔前まではどこのせんべい店にもあったが、作る店が減った今は貴重な存在だ。

団子坂に堂々とした姿をみせる建物は、昭和52年に建て替えたもの。加賀の大工を頼み、木造の純和風に作ってもらったという。

拡大地図 P055　広域地図 P228

菊見せんべい総本店
☎03（3821）1215
文京区千駄木3-37-16
地下鉄千駄木駅から徒歩１分
営業時間　10〜19時
定休日　月曜
駐車場　なし
地方発送　可能

浅草・上野・向島・亀戸エリア

1：10,000

0 200m

地図の方位は真北です

浅草・向島
地方橋
花園通り
千束一
千束
土手通り
台東区
千束三
国際通り
浅草四
小松橋通り
千束小
浅草署
浅草五
金竜小
千束五差路
千束公園
富士公園
富士小
千束通り
浅草
浅草六
生涯学習センター
西浅草三
雷5656会館
梅むら
(P100)
馬道通り
ひさご通り
浅草寺病院
馬道
言問通
浅草ビューホテル
花やしき
浅草神社
花川戸
西浅草
浅草寺
区民会館
二天門
五重塔
宝蔵門
公園六区入口
憧泉堂(P106)
浅草小
伝法院
弁天堂
ROX
浅草公会堂
仲見世通り
浅草駅
やげん堀浅草本店(P102)
入山せんべい(P108)
松屋
江戸通り
雷門一
常盤堂
雷おこし本舗
(P98)
雷門
雷門通り
吾妻橋
墨田区
龍昇亭西むら
(P125)
浅草局
田原小
地下鉄浅草線
田原町駅
寿四
地下鉄銀座線
浅草通り
浅草駅
海老屋總本舗本店
(P112)
駒形一
駒形堂
満願堂
駒形橋西詰
清澄通り
寿
駒形橋
こんぶの岩崎

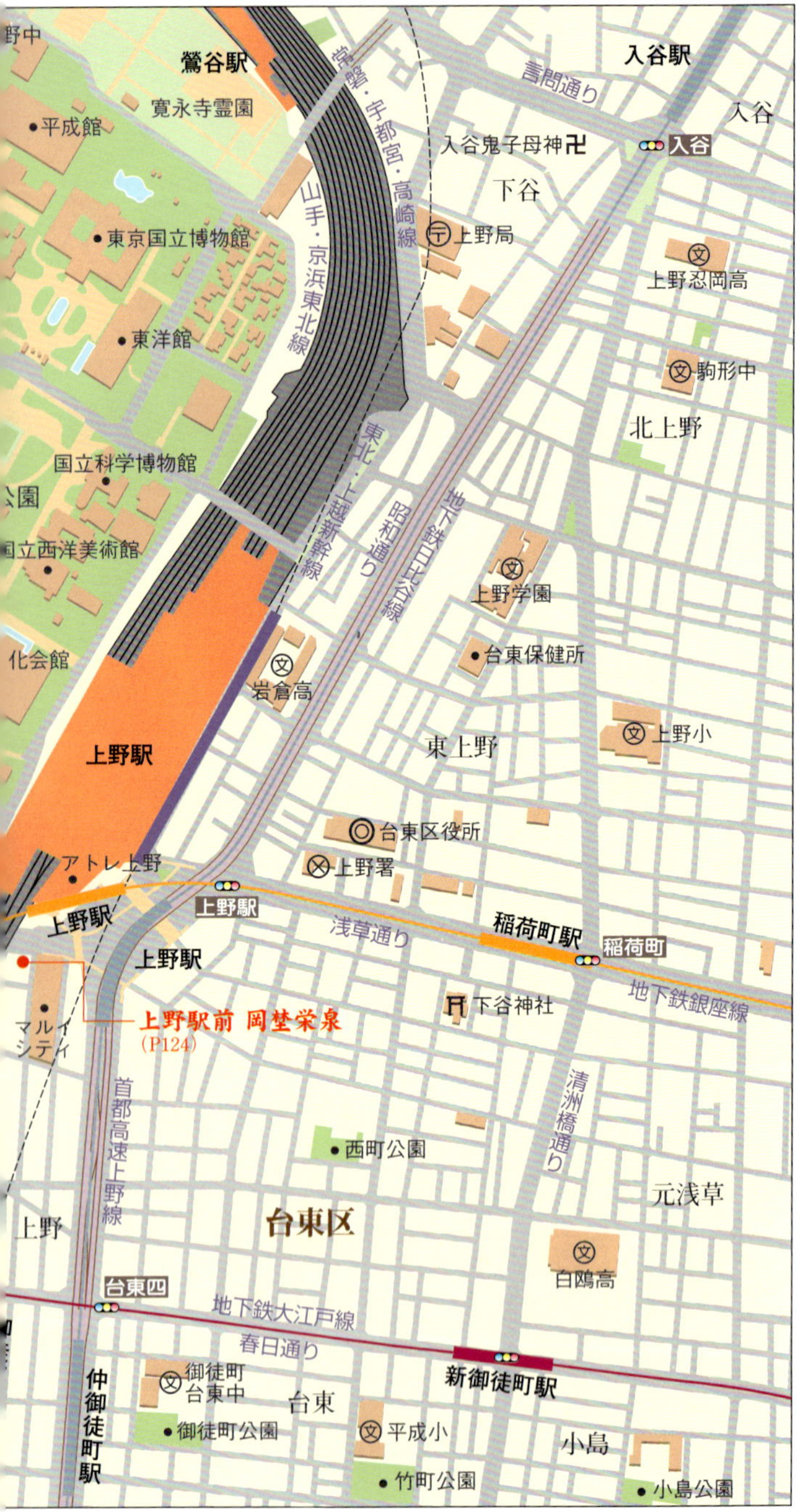

鶯谷駅
寛永寺霊園
平成館
東京国立博物館
東洋館
国立科学博物館
公園
国立西洋美術館
化会館
常磐・宇都宮・高崎線
山手・京浜東北線
東北・上越新幹線
入谷鬼子母神
下谷
上野局
言問通り
入谷駅
入谷
入谷
上野忍岡高
駒形中
北上野
昭和通り
地下鉄日比谷線
上野学園
台東保健所
岩倉高
上野駅
東上野
上野小
台東区役所
上野署
アトレ上野
上野駅
上野駅
上野駅
浅草通り
稲荷町駅
稲荷町
地下鉄銀座線
下谷神社
上野駅前 岡埜栄泉
(P124)
マルイシティ
首都高速上野線
清洲橋通り
西町公園
元浅草
上野
台東区
白鴎高
台東四
地下鉄大江戸線
春日通り
新御徒町駅
仲御徒町駅
御徒町台東中
台東
御徒町公園
平成小
竹町公園
小島
小島公園

1：10,000

0 200m

地図の方位は真北です

上野
一乗寺
上野桜木
谷中
桃林堂上野店
(P120)
東京芸
玉林寺
言問通り
東京芸術大
護国院
根津
上野高
根津小
根津一
根津駅
池之端
上野動物園
東京弥生会館
東大工学部
不忍通り
東照宮
弥生
上野動物園西園
精養軒
忍岡小
五條天神社
清水観音
文京区
弁財天
地下鉄千代田線
東大附属病院
本郷
不忍池
東京大学
旧岩崎邸庭園
池之端一
中央通り
天神下
切通坂
本富士署
湯島天神
上野広小路駅
春日通り
湯島駅
黒門小
湯島小
湯島
うさぎや
(P122)

抹茶、生姜、白砂糖、黒糖の４つの味をセットした上磯部おこし

常盤《ときわ》堂《どう》の 雷おこし

おこしの歴史は古く、唐《もろこし》（中国）から渡ってきたとか、昔からの保存食が変化したものだとか諸説あるが、浅草でおこしが売られるようになったのは江戸時代後期から。雷おこしは、雷門の雷をとって名付けられた。〝家を起こす〟〝名を起こす〟など、おこしは今でも縁起ものとして人気がある。

おこしは関東が米、関西は粟が基本。常盤堂の人気商品上磯部おこしは、独特の製法でミネラル水のよさを引き出し、さらっとした甘さの白砂糖を使い、さらに沖縄産の黒糖で仕上げた風味豊かな雷おこし。生地にはうるち米のほかもち米も混ざっている。みやげに

1つずつ個別包装されている

拡大地図 P095 広域地図 P231

縁起ものの雷おこし。今も下町の伝統の味を守り続ける

店頭ではおこしの製造実演も行われている

は抹茶、生姜、白砂糖、黒糖の4種類をセットした進物用が好評。4種類をビニール袋1袋に取り混ぜたお徳用もある。

広々とした店内には何種類ものおこしが

店内に並ぶ雷おこしは50～60種類。雷おこしの売れ筋を詰め合わせた「かみなり」、最高級の極上おこし「あさくさ」、浅草三社祭の賑やかさを表現した「浅草祭」など、みやげ向きのおこしはほかにも多い。

店頭では職人によるおこし作りの実演も行われていて、熟練の手わざを楽しみつつ、温かいできたて（1カップ100円）のおこしが食べられる。

お品書き

上磯部おこし320g箱入り	1000円
※各種類の単品は各250円	
紅白つつみ餅8個入り	700円
かみなり240g	600円
あさくさ48枚入り	2000円
浅草祭340g	1000円

常盤堂雷おこし本舗

☎03（3841）5656
台東区浅草1-3-2
地下鉄浅草駅から徒歩2分
営業時間　9～21時
定休日　なし
駐車場　なし
地方発送　可能

もち米を餡で包んだ紅白つつみ餅

豆寒は今もご主人の若林さんの手作り。甘さもほどよい

梅むらの
豆寒

浅草寺の裏手、言問通りを越えた浅草3～4丁目あたりは、古くは象潟《きさかた》と呼ばれた花柳街だったところ。こういう華やかだった街には必ず、酔った客がきれいどころを連れてやって来る評判の店がある。その1軒が梅むらだ。

梅むらは元祖豆寒《まめかん》が人気の小さな甘味処。店内はカウンター6席とテーブルを3つ置いた小上がりがあるだけで、一見すると飲み屋のよう。

一見すると飲み屋のような店内

ご主人の若林柳太郎さんは、戦後まもなくから近くの梅邑《うめむら》で修業。ある日、客に寒天と豆だけを食べたい

拡大地図 P095　広域地図 P231

ご主人が考案した豆寒は今や浅草の隠れた名物

といわれ、それをヒントに考案したのが豆寒だ。

豆寒は伊豆七島産の天草を使った寒天の上に、北海道産の赤えんどう豆をたっぷりのせ、さっぱりした甘さの黒蜜をかけて食べる健康食。豆のほのかな塩味と黒蜜との相性がぴったり。当初は白蜜を使っていたが、昭和43年、若林さんが独立した際、コクをもたせるために黒蜜に代えたところ、大いにヒットしたという。寒天以外はすべて自家製だ。芸能人の客も多く、店内をたくさんの色紙が飾る。

梅むらはあんみつも好評。寒天の上にみかん、チェリー、求肥《ぎゅうひ》、餡をのせ、豆寒と同じ黒蜜をかけて食べる。

豆寒を考案した若林柳太郎さん

ほどよい甘さに仕上がっていて、1つ食べただけでは物足りないほど。

かつての花柳街は、今は浅草寺の賑わいを横目に落ち着いた雰囲気に包まれている。

若林さんの片腕は、二代目にあたる息子さんだ。

あんみつもほとんど手作り

お品書き

豆寒1個 ‥‥‥‥‥‥‥‥‥‥‥‥‥‥ 450円
あんみつ1個 ‥‥‥‥‥‥‥‥‥‥‥ 550円
※どちらも希望の数でみやげ可能

梅むら
☎03(3873)6992
台東区浅草3-22-12
地下鉄浅草駅から徒歩7分
営業時間　13時～16時30分、19時～21時30分（祝日は13時～16時30分）
定休日　日曜
駐車場　なし
地方発送　不可

右から時計回りに大辛、中辛、小辛。香りもそれぞれ異なる

やげん堀の

七味唐辛子

　うどんやそばに欠かせない七味唐辛子。そのルーツは寛永2年（1625）、初代からし屋徳右衛門が両国薬研堀で漢方薬をヒントに考え出したもの。それまで日本には香辛料をブレンドしたものがなく、江戸の一般的な食べ物であるそばに、ぴりっとした辛さがよく合ったことから、たちまち広まったという。当時は富山の薬売りと同様に、行商として全国を売り歩いたが、やがてそれぞれの土地に根を下ろした店もでき、京都の七味家、長野の八幡屋礒五郎もこのようにして生まれた店という。

　行商は行く先々で口上を述べ、客の好みを聞きながら材料を調合した。今も浅草本店では、小辛、中辛、大辛の3種類を基本に、山椒を加えたり、黒ごまを少なめになど、客の希望を聞いて作ってくれる。最近までは売上げの8割が中辛だったが、現在では嗜好が変化し、中辛は6割程度で、

拡大地図 P095 広域地図 P231

おなじみ七味唐辛子の元祖
自分好みのブレンドを楽しもう

その分大辛が増えている。七味の中身は、辛さの元となる赤唐辛子に加え、粉山椒、黒ごま、麻の実、みかんの皮の陳皮、けしの実と、焙煎した焼き唐辛子が配合されている。ちなみに七味家や八幡屋礒五郎では配合が異なり、粉山椒、黒ごま、麻の実、赤唐辛子が共通なほかは、七味家では青海苔や白ごま、しそが加わり、八幡屋礒五郎では生姜、陳皮、しそが入るなど、店により香りや味が異なっている。

七味唐辛子は湿気を吸いやすいため、保存は冷凍がベスト。容器もなるべく小さなものに小出しにするほうがいい。店内には七味唐辛子のほか、オリジナルレシピで作っているふりかけやお茶漬け、江戸開府400年を記念して売り出した洋風七味もある。

好みに合わせてその場でブレンドしてくれる

お品書き

七味唐辛子20ｇ	350円
七味唐辛子ケヤキたる入り	1600円
七味唐辛子ぬり缶入り	850円

やげん堀浅草本店

☎03（3626）7716

（本社営業部）

台東区浅草1-28-3

地下鉄浅草駅から徒歩5分

営業時間　10～19時

定休日　不定休

駐車場　なし

地方発送　可能

自然な甘さの芋きんは、女性ばかりでなく男性にも好まれている

満願堂《まんがんどう》の
芋きん

　デパートのイベントで、その場で焼いて仕上げる実演販売が大人気の芋きん。売り出されたのはそれほど古いことではなく、昭和60年、浅草らしい新しい菓子を作ろうとした際に、古書で見つけた江戸吉原のきんつばを現代風にアレンジしたものだ。

　吉原土手の名物だったきんつばは、「年期増しても食べたいものは　土手のきんつばさつまいも」と戯れ歌にも歌われたように、吉原の花魁《おいらん》や太夫《たゆう》たちにひとときの安らぎを与えてくれた、さつまいもで作った菓子だった。

　満願堂の芋きんは、この伝説の菓子を再現している。厳選した鹿児島のさつまいもを使い、中身には低温でじっくり炊いて甘さを引き出した芋餡、皮には焼き芋の皮を乾燥させて粉末にし、小麦粉と混ぜたものを使うなど、さつまいもを余すところなく利用している。胃にもたれないよう、消化剤

拡大地図 P095　広域地図 P231

催事で引っぱりだこの皮もおいしい芋きん

満願堂といえば実演。本店では焼きたてを買える

の役割を果たす皮を混ぜているのが特色だ。

ほんのりとした自然の甘みにあふれ、ビタミンや食物繊維が豊富な無添加の健康食品でもある。夏は冷やしてもおいしいが、寒い季節ならオーブントースターで焦げ目がつくほど焼いてもいい。皮がパリッとして、さらに味わいが増す。

芋きんは保存料など添加物が入っていないため、日持ちは当日のみ。遠方へのみやげには、芋に相性のいい栗を加え、餡も羊羹風にして日持ちをよくした栗入り芋きんがいい。

お品書き

芋きん1個	100円
栗入り芋きん1個	125円

満願堂本店

☎03(3622)3128

墨田区吾妻橋1-19-16

地下鉄浅草駅から徒歩5分

営業時間　9〜18時

定休日　無休

駐車場　なし

地方発送　芋きんは不可。栗入り芋きん可

包装紙に「大入」の文字が入っていて、内祝いなどにもぴったり

南部せんべいに似ているが憧せんべい独特の風味がいい

川角保行さん

お品書き

手焼憧せんべい1枚	100円
手焼憧せんべい12枚入り	1500円

憧泉堂《どうせんどう》の 手焼憧《あこがれ》せんべい

拡大地図 P095　広域地図 P231

憧《あこがれ》せんべいは米ではなく小麦粉を使っており、南部せんべいによく似ている。ご主人の川角保行さんは、南部せんべいを東京に進出させようと岩手県の水沢で修業。試作研究を重ねた末、独特の風味に仕上げて昭和49年に独立。南部せんべいに比べてやや柔らかく、ほのかな甘みがある。味はピーナッツ、アーモンド、くるみなど7種類。「女性に美容を、男性に健康を、子どもにカロリーを」がキャッチフレーズ。もちろん一枚一枚、川角さんが一つ1枚の鉄の型を用いて店頭で焼く手作りだ。

憧泉堂

☎03（3845）1147
台東区浅草2-35-14
地下鉄浅草駅から徒歩3分
営業時間　10～19時
定休日　月曜（祝日の場合は営業）
駐車場　なし
地方発送　可能

おせんべいの思い出

生まれは新大久保の私も、幼稚園からは文京区、昔の小石川育ちで現在も住んでいます。東京23区の中でJR山手線内にすっぽり入るのは文京区だけと変な自慢をしていますが、東大をはじめ学校が多い文教の町でもあります。戦前からの住宅地で古い店が多く、たい焼きやいり豆など私にとっては懐かしい味ですがおせんべい屋も多く、子どものころは店先で手焼きにしている様子をいつまでも眺めていた思い出があります。近ごろは軽いせんべいが多く出回っていますが、しっかりとしていてかめばかむほど味のあるせんべいが江戸っ子好みでしょう。味も濃い口しょうゆを塗っては焙り、塗っては焙りで少し焦げ味がつくくらいを好んだものです。米と上質なしょうゆは、日本の食文化の原点。私は甘いお菓子を食べたあとには必ずせんべいが欲しくなるので、人さまにさし上げるときには、「和菓子にはせんべい」と決めて組み合わせます。ついでにお茶も組み合わせるとよいですね。

八重垣煎餅（89頁）／菊見せんべい総本店（92頁）

醤油の香り、パリッとした歯ごたえともにいい

入山《いりやま》せんべいの
入山せんべい

和気あいあいとせんべいを焼く

かつて演劇や映画など大衆娯楽の中心地として栄えた浅草六区。入山せんべいは、その六区のメインストリートだった浅草すし屋通りのアーケード街に建つ、手焼きせんべいの店。扱うせんべいは1種類のみ。手慣れた職人たちが長火鉢に向かって座り、備長炭で一枚一枚、店先でせんべいを焼いている。

創業は大正3年（1914）。初代の孫にあたる山崎憲子さんが三代目を継ぎ、今も伝統の味を守り続けている。周囲の店々は装いを新たにしているが、入山せ

拡大地図 P095　広域地図 P231

老舗の風格漂う店内で
備長炭で一枚ずつ職人が焼く

作業はぼんやり灯る電球のもとで

袋詰めも一枚一枚手作業

んべいは昔ながらの風格ある木造。店内をぼんやりと照らす明かりにも風情が感じられる。

備長炭で堅めに焼けるように、と生地には初代から続く特注の米を使い、筵《むしろ》に並べて天日干ししてから焼く。醤油も最高級のものを使用する。保存料や添加物は一切使っていないため、2日もすれば味が変わってしまうという。せんべいは反りや膨らみを防ぐために、押し瓦で押しながら焼くのが一般的。しかし、この店では押し瓦を使わずに焼くので、せんべいに反りや膨らみがあり、やや太り気味だ。米と醤油がマッチした味はいうことなし。焼きたての温かいせんべいも買える。

お品書き

せんべい1枚	120円
せんべい缶入り13枚入り	1800円
せんべい30枚入り	3900円

※袋入りは希望の数でみやげ可能

入山せんべい

☎03(3844)1376
台東区浅草1-13-4
地下鉄浅草駅から徒歩5分
営業時間　10〜18時
定休日　木曜
駐車場　なし
地方発送　不可

おしゃれなパッケージで人気を集める昆布詰め合わせ

こんぶの岩崎の 昆布製品

明治27年（1894）創業の昆布問屋。最盛期には350軒の乾物屋に昆布を卸していた。東京の人にもっと昆布を食べてほしいと、自ら吾妻橋のそばに小売店を開いた。扱う昆布は200種類以上。最高級の羅臼昆布や利尻昆布などのだし用昆布から加工品まで揃い、オリジナル商品の開発にも熱心に取り組んでいる。

オリジナル商品の一つ、揚げ昆布は、切り昆布を揚げたスナック感覚の昆布。せんべいのような軽い食感と塩味が、ビールによく合う。昆布のおつまみの長寿こんぶは、子どもから大人まで好評だ。

最近のヒット商品であるおぼろの実は、お湯をかけるだけでおぼろ昆布のだしがきいたお吸い物ができるすぐれもの。店主の岩崎さんは「昆布はだしをとるのに欠かせない素材だが、加工すればおつまみや菓子などいろいろなものに利用できる」と、若い人に食べて

拡大地図 P095　広域地図 P231

江戸千代紙の箱の中には
健康にいい昆布製品がいろいろ

もらえる昆布製品の開発に取り組んでいる。

　昆布には牛乳の約７倍ものカルシウムのほか、疲労回復に効果があるビタミンB_1やB_2、成長を促し新陳代謝を調節するヨウ素、塩分を効率よく体外に排出するアルギン酸、抗アレルギー成分などが豊富に含まれており、健康への関心度が高い最近は、アルカリ性食品の昆布はいっそうの注目を集めている。

　昔から昆布製品は、佃煮やふりかけなどが贈り物として親しまれてきたが、こんぶの岩崎ではほかにも、厳選した商品の詰め合わせパッケージを豊富に揃えている。江戸千代紙をていねいに貼った多彩な模様のパッケージは、四角形や六角形、羽子板型など形もとりどり。昆布を食べた後も長く楽しめるとあって、贈答品や引き出物として人気を集めている。

最高級の昆布が全国から集まる

お品書き

揚げ昆布80ｇ	600円
長寿こんぶ160ｇ	700円
おぼろの実8個入り	900円
箱入りおみやげ	1500円～

こんぶの岩崎

☎03（3622）8994
墨田区吾妻橋1-4-3
地下鉄浅草駅から徒歩７分
営業時間　9～20時
定休日　日曜
駐車場　なし
地方発送　可能

全国でも珍しい昆布の専門店

手前が名声を高めたたらこ佃煮。たらこの食感と味わいが炊きたてのご飯によく合う

海老屋の
江戸前佃煮

拡大地図 P095　広域地図 P231

　今からは想像しにくいが、幕末の頃の隅田川は水が澄んでいて、鮒や川えび、白魚などが豊富にとれた。この豊かな川の幸を素材に佃煮を作ろうと、明治2年（1869）浅草向かいの大川橋（吾妻橋）のたもとに店を構えたのが、初代の川北三郎兵衛。狙いは当たり、海老屋の佃煮は浅草名物の一つとして知られるようになっていった。

　初代が考案した、小えびを殻のまま焼いたえび鬼がら焼きと、小鮒を焼き鳥のように串に刺してタレをつけて焼いた鮒すずめ焼きが看板商品。煮るだけだった佃煮に新しい製造方法を取り入れた。二代目は、醤油だけを使っていた煮汁に砂糖を加えて作った甘辛い佃煮や、関西風の味付けを取り入れた煮豆を考案。戦後にはたらこ佃煮がヒットするなど、現在は佃煮の名店として本・支店のほか、デパートや名店街など30の出店で販売するほどの繁昌ぶ

醤油とみりんの風味が香る江戸前ならではの甘辛佃煮

たらこ佃煮は秘伝のタレで30分ほど煮る

りだ。

現在作っている佃煮は約50種類。昔と変わらない製法で江戸前の佃煮を作るほか、塩分が控えめの若煮佃煮や煮豆も揃う。初代が店を構えたときそのままの本店の店頭には、裏の工場からのできたてが運ばれてくる。量り売りもしており、鮎やはぜ、舞茸など季節ものの佃煮も並ぶ。みやげには袋入りや、30ｇ前後の小袋入りで、単身者や、いろいろな味を試したいときにぴったりの味彩シリーズなどがあり、贈答用には詰め合わせの箱入りが揃う。

お品書き

たらこ佃煮100ｇ ……………1500円
あさり佃煮100ｇ ……………850円
味彩 ……150～300円（たらこ佃煮600円）

海老屋總本舗本店

☎03（3625）0003
墨田区吾妻橋1-15-5
地下鉄浅草駅から徒歩４分
営業時間　10～18時
定休日　無休
駐車場　なし
地方発送　可能

まん丸で色合いもきれいな言問団子

言問《こととい》団子《だんご》の
言問団子

江戸末期、隅田川をはさんで浅草の対岸に位置する向島は田園が広がるのどかな場所で、春の花見、夏の川遊び、秋の紅葉狩りと、四季それぞれに賑わったという。

向島の一角で植木商を営んでいた初代は文学に造詣が深く、散策に訪れる文人との交流もあった。求めに応じて彼等に休憩場所を提供していたが、その折に出していた手製のだんごが好評だったため、専門の店を出したという。

在原業平の和歌「名にしおはゞいざ言問はむ都鳥我が思ふ人はありやなしや

落ち着いた造りの店内

拡大地図 P094　広域地図 P231

墨堤の花見に欠かせない お江戸名物三色だんご

みやげ用には紙箱入りのほか、杉箱入りもある

と」にちなんだ店名に、初代の文学への深い思いが感じられる。

　明治以降も作家に親しまれてきたが、昭和8年、名曲『波浮の港』や『七つの子』の作詞で知られる野口雨情が来店したとき、だんごを食べながら「都鳥さへ夜長のころは水に歌書く夢も見る」と詠んだといい、その歌碑が隅田公園に立っている。

　まん丸のきれいな言問団子は、白味噌餡をくちなしの色素で黄色く染めた求肥《ぎゅうひ》で包んだ青梅、うるち米の新粉を芯にした白餡、小豆のこし餡の3種類で1組。餡はどれもしっとりとなめらかな舌ざわりだ。「目の届くところで売る」ことをモットーにしており、今も裏の工場で、店で売る分だけを作っている。手作業で一日数回作っているため、いつでもできたてを買うことができる。

　みやげは6個入りから60個入りまで各種。

　店内にはテーブル席があり、墨堤の風景を見ながらお茶とだんごでのんびりひと休みできる。

お品書き

6個入り ……………………1000円
店内で食べる言問団子 …………500円

言問団子

☎03（3622）0081

墨田区向島5-5-22

東武浅草線曳舟駅から徒歩10分

営業時間　9〜18時
定休日　火曜（祝日の場合は営業）、水曜不定休
駐車場　なし
地方発送　不可

みずみずしい桜の葉にくるまれた桜もち

長命寺桜もちの

桜もち

向島に享保2年（1717）から続く桜もちひと筋の店。伝え書きによれば、大岡越前が町奉行になった頃、初代の山本新六が長命寺脇の隅田川の土手に植わっていた桜の落ち葉を醤油樽で塩漬けにし、餅に巻いて出したのが桜もちの始まりという。甘い餡に塩味という味の妙からか、たちまち江戸の名物菓子となった。文政年間（1818〜30）の古文書によると、桜の葉は1年間に樽31個、葉の数にして77万枚が漬けられ、およそ38万個の桜もちが作られたという。

長命寺一帯は関東大震災や第二次世界大戦で焼失したが、そのたびに復興し、店は今も伝統の味を受け継いでいる。戦前までは自家製の桜葉を使っていたが、現在では伊豆松崎で栽培される専用の桜葉を用いている。桜もちといえばふつう、桜葉1枚のことが多いが、ここでは大きな葉で2枚、通常は3枚でくるんでいる。

拡大地図 P094　広域地図 P231

桜の葉3枚で贅沢に包む　およそ3世紀続く江戸の銘菓

店内の縁台に腰かけて一服もできる

食べるときには3枚一緒に食べてもいいが、葉が気になるなら1～2枚外して食べるといい。薄力粉と強力粉をブレンドした餅と餡、桜葉が一体となり、桜もちならではの華やかな食感を出している。江戸の頃は紙が貴重品だったため、竹を編んだ籠に入れて持ち帰ったという。今もみやげ用には箱入りと籠入りを用意している。小麦粉で作った餅は時間がたつほど堅くなるため、買い求めたらなるべく時間を置かないで味わいたい。店内のテーブル席でも賞味できる。

お品書き

桜もち箱入り6個入り　……1200円～
桜もち籠入り12個入り　……2700円～

長命寺桜もち

☎03(3622)3266
墨田区向島5-1-14
東武浅草線曳舟駅から徒歩10分
営業時間　9～18時
定休日　月曜
駐車場　なし
地方発送　不可

香り豊かな草餅は餡入り（奥）と、えくぼに蜜ときな粉を好みでかけて味わう餡なしの２種類

志《じ》満《ま》ん草餅の

草餅

　創業は明治の初め、大川（隅田川）の土手の上で開いていた茶店が始まり。その頃は浅草寺にお参りした後、向島に渡って百花園で遊び、再び渡し船で帰るコースが人気で、途中で、この店で休憩したという。

　現在の店は土手を崩して造られた墨堤通り沿いの、なんの飾りもない店構え。店の奥が作業場で、注文すると、すぐに作りたてを出してくれる。餡は十勝の小豆、よもぎは一年を通して房総から取り寄せる生よもぎだけを使用する。

　草餅といえば春のイメージだが、生よもぎを使うため、季節によって味が大きく違う。春のよもぎは色がきれいで、やさしい香りと味わいが特徴。夏は香りが強く、味は濃い。秋になると葉が固くなり、味はさらに濃い。冬は寒さを生き抜くために色は悪いが、力強い味わいで食べごたえがあるなど、四季で味は異なる。この店の草餅の味で季節を

拡大地図 P094　広域地図 P231

よもぎの風味が薫る
姿も美しい大川端の草餅

経木包みも風情がある草餅。遠方から買いに訪れる人も多い

感じる常連も多いそうだ。

仕込みは毎日朝5時から。夏にはアク抜き、秋から冬は堅い長い繊維を取り除き、草の味が強いときには餡の甘さを落として小豆の味を出すようにバランスをとるなど、おいしい草餅を作るためには、縁の下の苦労を惜しまない。できたての草餅は、耳たぶほどの絶妙の柔らかさ。餡入りと、白蜜ときな粉をかけて食べる餡なしの2種類があるが、餡と餅とのハーモニーがいい餡入り、よもぎそのものの風味を楽しむ餡なしと、どちらも甲乙つけがたい。

お品書き

草餅1個 ……………………125円

志満ん草餅

☎03(3611)6831
墨田区堤通1-5-9
東武浅草線曳舟駅から徒歩10分
営業時間　9～17時(なくなりしだい閉店)
定休日　水曜(祝日の場合は営業)
駐車場　なし
地方発送　不可

５種入りの五智果紙包み。紙包みにはそれぞれ内容を変えた３種類がある

桃林堂《とうりんどう》の五《ご》智《ち》果《か》

上野桜木界隈は上野公園の北、谷中の南隣にあたる文教地区で、明治の頃から文人や芸人の住まいが多かったところ。第二次世界大戦でも戦災に遭わず、江戸の町割と往時の静かなたたずまいが、今も色濃く残っている。

桃林堂上野店はこんな閑静な環境にとけ込むように建つ、昔ながらの木造の建物。かつて役者が住んでいたという大正時代の建物をそのまま利用しており、玄関先を改築して、売店のほか、抹茶とお菓子でひと休みできる立礼席が設けられている。

創業は昭和元年。本店は大阪だが、創業してすぐに上野店を開いた。名物の五智果は密教における仏の５つの智恵（五智）にちなむ。旬の果物や野菜を食べやすい大きさに切って砂糖漬けにしたものだ。ごぼうやセロリ、にんじん、なす、オレンジ、金柑、洋梨、いちじくなど季節ごとに15種類

拡大地図 P097　広域地図 P228

自然の素材をそのまま砂糖に漬けた風雅な菓子

店内でお茶とお菓子をいただける。暑い季節には生水羊羹が好評

ほどを作っている。砂糖漬けとはいえ、野菜なら野菜、果物なら果物と、元の味わいがしっかり生きているのが特徴だ。小分けして5種類ずつ包んだ紙包み入りは、少人数の家庭や職場へのみやげにもいい。

菓子はほかにも、金時やいちじく羹など季節感たっぷりの棹菓子や、生水羊羹も定評がある。

ミニサイズの小鯛焼もかわいらしい。こし餡には備中赤小豆、白餡には備中白小豆、粒餡には丹波大納言と、素材を吟味し、ていねいに作っている。

お品書き

五智果紙包み入り	600円
生水羊羹１個	220円（小豆）
棹菓子	1300円～
小鯛焼（2個入り）	460円

桃林堂上野店

☎03（3828）9826

台東区上野桜木1-5-7

JR上野駅公園口から徒歩10分

営業時間　9～17時

定休日　無休

駐車場　なし

地方発送　可能

弾力のある皮で柔らかな餡を包んだ絶品のどらやき

うさぎやの どらやき

拡大地図 P097 広域地図 P228

東京で一、二を争うどら焼の名店。創業者の谷口喜作が大正2年（1913）、現在地に店を開いた。当初は羊羹や最中、せんべいが主流だったが、昭和初めに売り出したどらやきが評判になり、今ではどらやきの店としてあまりに有名。

どら焼は餡と皮だけのごくシンプルな菓子。そのため、素材のよし悪しと焼き加減が味を左右する。この店のどらやきは、十勝産の小豆を使って非常に柔らかく粒餡を仕上げ、皮は生地にれんげの蜂蜜を加えて風味をよくする。きめの細かな皮とその薄茶色の焼き色が食欲をそそる。

一番の特徴は皮の裂け具合。手でちぎるとよくわかるが、気泡が縦に均一に入っている。気泡を縦に入れることにより、噛んだときに歯に合わせて皮がさくっと切れやすくなるのだそうだ。たかがどら焼なのだが、餡の製法から皮の裂け具合まで、しっかり計算しつく

縦に裂ける厚めの皮が歯切れのよさと味の秘密

あっさりした味のうさぎまんじゅう（手前）と初代の名を付けた喜作最中

していることが、人気の秘密といえるだろう。賞味期限は2日間だが、柔らかな餡の水分が皮に移りやすいため、ぜひ買った当日のうちに食べることをおすすめしたい。

芥川龍之介や永井荷風の作品にも登場するなど歴史のある店だけに、ほかの和菓子も多くの人に親しまれてきた。焦がした皮が香ばしい喜作最中や、昭和62年に干支の菓子として売り出したうさぎまんじゅうは、かわいらしさもあって、どらやきと一緒に買い求める人が多い。

お品書き

どらやき1個	180円
うさぎまんじゅう1個	160円
喜作最中1個	180円

うさぎや

☎03（3831）6195
台東区上野1-10-10
ＪＲ御徒町駅から徒歩5分
営業時間　9～18時
定休日　水曜
駐車場　なし
地方発送　不可

上野駅を誕生から見守る老舗の上品な銘菓

よもぎ大福（右）は、草餅と豆大福（左）の両方の味を楽しめる

お品書き

豆大福１個 ……………………200円

上野駅前 岡《おか》埜《の》栄泉《えいせん》の
豆大福

明治6年（１８７３）創業。岡埜七軒と呼ばれ、7軒から始めた老舗和菓子店、岡埜栄泉の一軒。JR上野駅正面口の正面に位置し、同16年の上野駅開業当初から、東北や上信越へ向かう人の手みやげとして親しまれてきた。明治から大正にかけては「岡埜の最中」の名で泉鏡花の作品にも登場するほど最中が有名だったが、現在では豆大福が名物。純白の皮の奥に赤えんどう豆が透けて見える上品さが売りものだ。ていねいに手作りした餡も、甘さ控えめであっさりしている。秋から春には、香り豊かなよもぎ大福も味わえる。

上野駅前 岡埜栄泉
☎03（3834）3331
台東区上野6-14-7
ＪＲ上野駅正面出口からすぐ
営業時間　9〜21時
定休日　火曜（祝日の場合は営業）
駐車場　なし
地方発送　豆大福は不可

拡大地図 P096　広域地図 P228

龍昇亭西むらの
栗むし羊羹

江戸末期に浅草雷門前でお茶屋を始め、その後浅草寺の供物などを納める上菓子屋となった老舗。名物の栗むし羊羹は小麦粉と小豆餡を練り、蒸して仕上げる。現在の羊羹は寒天を使った練り羊羹が主流だが、歴史は蒸し羊羹の方が古く、手間はかかるが、その分、小豆餡の味わいがよく分かるという。

　栗むし羊羹は一年中作っているが、菓子で季節感を出したいからと、生菓子や水菓子、毎月18日の浅草観音さまの縁日の菓子など、その時期だけにしか作らない菓子も多い。

拡大地図 P095　広域地図 P231

龍昇亭西むら

☎03（3841）0665

台東区雷門2-18-11

地下鉄浅草駅から徒歩2分

営業時間　9～20時

定休日　火曜（月3回）

駐車場　なし

地方発送　可能

羊羹の上にも中にも栗がたっぷり

ほくほくの栗をのせた あっさりした蒸し羊羹

お品書き

栗むし羊羹1棹……900円

ぷりぷりした弾力が持ち味。黒蜜ときな粉をたっぷりかけると風味が増す

船橋屋の
くず餅

拡大地図 P094　広域地図 P230

亀戸天神の門前に店を構える船橋屋は文化2年（1805）、良質な小麦の産地だった下総・船橋出身の初代勘助が、小麦でんぷんを蒸した餅に黒蜜ときな粉をかけて、参道の茶屋で売り出したのが始まり。江戸に生まれた和菓子として江戸っ子に愛され、芥川龍之介や吉川英治、永井荷風らの作家もよく食べに訪れたという。

創業以来200年、くず餅といえば船橋屋といわれるほど名前は定着したが、最近では健康志向の面からも船橋屋のくず餅が注目されている。くず餅そのものが体にやさしい発酵食品であるうえ、黒蜜にはミネラルやビタミン、きな粉にはレシチンやイソフラボンなど体によい成分が豊富に含まれており、だれでも安心して食べられるからだ。

くず餅は上質な小麦粉を水洗いしながら練り、分離抽出したでんぷん質を長時間発酵させ、最後に蒸して

健康食品として脚光を浴びる
200年の伝統ある和菓子

店頭にはさまざまな甘味も並ぶ

作る。船橋屋では発酵のための工場を岐阜県に建て、木曽川水系の清冽な地下水や乳酸菌の働きが活発になる杉の大木の発酵槽を使うなど、製造工程に気を配っている。長期発酵が必要なため製造には15カ月もかかるが、添加物は一切使わないから、賞味期限はわずか2日間。昔ながらの製造法を守りつつ、一方で和菓子業界では初めて、品質管理システムの国際規格ＩＳＯ９００１：２０００を取得。伝統の技に加えて、最先端の技術が老舗の味を支えている。

お品書き

くず餅2〜3人用 ……………… 650円
くず餅4〜5人用 ……………… 820円
くず餅6〜7人用 ……………… 1000円

船橋屋亀戸天神前本店

☎03（3681）2784
江東区亀戸3-2-14
ＪＲ亀戸駅から徒歩12分
営業時間　9〜18時（喫茶は〜17時）
定休日　無休
駐車場　なし
地方発送　可能（工場から直送）

昭和30年代を偲ばせる懐かしのいり豆が勢揃い

豆は古びた升で量ってくれる

お品書き

塩豆、かた豆1合……………………160円
落花生1合……………………………450円
おのろけ豆、源氏豆、花豆など1袋……500円

但元《たじもと》のいり豆

蔵前橋通りと明治通りの角に、昔ながらの店構えで人目を引く豆の専門店。約30種類の豆を、今では珍しい升で量り売りしてくれる。人気は塩豆。グリンピースにかき殻の粉と塩をかけて煎ったもので、ほんのりした塩味がビールのつまみにいい。空豆を煎っただけのかた豆は、豆そのものの味わいが生きている。千葉八街名産の落花生は最高級の半立。ほかにも、ピーナッツをくるんだおのろけ豆、源氏豆、花豆、ウグイス豆など、最近は健康食品としても注目されているさまざまな豆が並ぶ。

但元本店

☎03(3681)0238
江東区亀戸2-45-5
ＪＲ亀戸駅から徒歩７分
営業時間　10時15分～20時30分
定休日　木曜（祝日の場合は営業）
駐車場　なし
地方発送　可能

拡大地図 P094　広域地図 P230

赤坂・青山・虎ノ門エリア

新橋
西新橋
地下鉄銀座線
外堀通り
新橋駅
新橋駅日比谷口前
西新橋
西新橋二
横須賀線
ニュー新橋ビル
地下鉄三田線
日比谷通り
赤レンガ通り
山手・京浜東北線
新橋駅
地下鉄浅草線
桜田公園
新橋
新橋駅
新橋四
新正堂(P140)
日本テレビ
新橋四
港区
第一京浜
東新橋
新橋五
地下鉄南北線
平河町
永田町駅
エクセル東急ホテル
永田町
赤坂見附駅
日比谷高
プルデンシャルタワー
田町通り
みすじ通り
日枝神社
山王下
山王パークタワー
首相官邸
内閣府
外堀通り
赤坂通り
千代田区
国際新赤坂ビル東館
溜池山王駅
新霞が関ビル
内閣府下
赤坂二交番前
国際新赤坂ビル西館
霞が関
溜池
特許庁
霞が関ビル
氷川公園
首都高速都心環状線
地下鉄南北線
特許庁前
地下鉄銀座線
赤坂ツインタワー
榎坂
JT本社
虎ノ門病院
米国大使館前
国立印刷局
六本木通り
アメリカ大使館
霊南坂
南部坂
全日空ホテル
汐見坂
新日鉱ビル
アークヒルズ
ホテルオークラ
虎ノ門三
六本木二
アーク森ビル
サントリーホール
虎ノ門
岡埜栄泉(P142)
アークタワーズ
オークラ別館
地下鉄日比谷線
虎ノ門パストラル
桜田通り
六本木四
神谷町
神谷町駅
麻布十番温泉
地下鉄大江戸線
新一の橋
たぬき煎餅(P156)
麻布十番駅
元麻布
浪花家総本店(P160)
港区
紀文堂(P158)
白水堂(P154)
麻布十番駅
豆源(P152)
地下鉄南北線
ピーコック
麻布十番
麻布十番

1:11,000

0 200m

地図の方位は真北です

市ヶ谷
地下鉄南北線
地下鉄有楽町線
中央線
一口坂
靖国神社
靖国神社
地下鉄新宿線
ゴンドラ
(P138)
九段北
一口坂
九段南
麹町局
市ヶ谷駅
靖国通り
二七通り
大妻通り
地下鉄半蔵門線
市ヶ谷駅
東京家政学院大
千代田区
市ヶ谷駅
大妻女子大
元赤坂
地下鉄丸ノ内
豊川稲荷
赤坂・青山・六本木・虎ノ門
赤坂署前
とらや
赤坂署
山脇学
赤坂御用地
青山一丁目駅
地下鉄半蔵門線
草月会館
高橋是清翁記念公園
北青山
地下鉄銀座線
赤坂
青山ビル
赤坂局
カナダ大使館
ドイツ文化会館
日本コロムビア
円通寺通
青山一
新青山ビル東館
新青山ビル西館
円通寺
ルコント青山本店(P150)
赤坂パークビル
青山通り
ホンダ
ユニバーサルミュージック
新坂
稲荷坂
一ツ木公園
青葉公園
赤坂図書館
赤坂五交番前
赤坂図書館前
地下鉄大江戸線
山王病院
赤坂青野(P134)
赤坂高
赤坂小
南青山
乃木神社
赤坂小前
地下鉄千代田線
青山霊園
乃木坂
赤坂中
北青山
乃木坂陸橋
港区
表参道駅
青山通り
表参道
乃木坂駅
檜町公園
青山パラシオ
表参道
乃木坂
地下鉄千代田線
(防衛庁跡地)
地下鉄半蔵門線
地下鉄銀座線
外苑東通り
南青山
スパイラル
欧風菓子クドウ青山店
(P148)
青山五
港区
六本木駅
六本木通
おつな寿司(P144)
俳優座
骨董通り
小原流会館
首都高速
六本木
六本木
青山学院大
六本木駅
外苑東
表参道
菊家
(P146)
地下鉄日比谷

吟味を重ねた材料で作る シンプルな焼き菓子

中央の白いケーキがレアチーズケーキ、右中央はフランボワーズ

しろたえの焼き菓子

〝素朴、シンプル〟がモットー。食材を吟味し、作り手の心が伝わる菓子づくりが信条だ。ショーケースにはガトーセックやクッキーなどの焼き菓子とケーキ約35種類が並び、好みで詰め合わせてもらえる。

フワッとした焼き上がりのマドレーヌは、純度の高い北海道産のバターを使い、バターの風味とほどよい甘さで人気がある。

フランボワーズなどのケーキも好評。クリームチーズとタルト生地の香ばしさがいいレアチーズケーキは当店の看板商品で、ファンが多い。

自慢の焼き菓子はいかが、とスーシェフの白川正樹さん

お品書き

マドレーヌ1個……………160円
レアチーズケーキ1個…………210円
※希望の数でみやげ可能

しろたえ
☎03（3586）9039
港区赤坂4-1-4
地下鉄赤坂見附駅から徒歩1分
営業時間　10時30分～20時30分（祝日は～19時30分）
定休日　日曜
駐車場　なし
地方発送　可能、ケーキ類は不可

拡大地図 P130　広域地図 P234

伝統の味に誘われて

赤坂、青山、九段、麻布と近ごろは街の変容が凄まじい中で、長らく親しんできた味の店があるとほっとします。赤坂御用地と向かい合ったとらやは宮内庁御用達の和菓子はもちろんですが、私はこの店の赤飯は日本一だと思います。小豆の皮が破けるのは切腹に通じるからと、武家社会であった江戸の赤飯は皮の堅いささげを使いますが、とらやでは京都の伝統を守ってか、小豆を使います。小豆の甘みと香りが移った赤飯は、はんなりとして雅やかな味。伝統の味を守る一方、六本木ヒルズにとらやカフェを開店。和菓子に新しい風を吹き込んでいます。豆大福の岡埜栄泉、すし飯に柚子のみじん切りをしのばせたいなりずしのおつな寿司。熱々の揚げもちが忘れられない豆源では、私の夫が好物だったおのろけ豆を土産によく求めたものです。紀文堂の人形焼きは浪花家のたい焼きとは違って、卵を使ったカステラ風の生地で日もちがします。地下鉄の大江戸線が開通して便利になったぶんうしなわれていきそうな、このあたりの江戸の町の情緒は残して欲しいと願います。

とらや（136頁）／岡埜栄泉（142頁）／おつな寿司（144頁）／豆源（152頁）／紀文堂（158頁）

ふっくらした餅にたっぷりのきな粉をまぶした赤坂もち

赤坂青野の

赤坂もち

拡大地図 P131 広域地図 P234

赤坂青野は、江戸時代には青野屋といい、神田明神の横に店舗を構え、店頭だけではなく、街頭売りもしていた飴屋だった。明治維新を迎えて甘味を扱う餅菓子屋に転業し、五反田に移転するとともに店名も「青野」に改名した。現在地に移ったのは赤坂が商店街として発展を始めて間もない明治32年（１８９９）。以後、和菓子ひと筋の商いで、当主は五代目にあたる。

赤坂もちは戦後まもなく三代目が改良した看板商品。それまで別々だった餅ときな粉の器を仕切りを設けたひとつの器に変え、さらに1個ずつ手作業で小風呂敷に包むという、今ではよく見かけるスタイルだが、このアイデアはこの店から生まれたものだ。餅には刻んだくるみと黒糖が入っていてきな粉との相性もぴったり。季節によって味や柔らかさが変わらないようにと、微妙に水や材料の配合を工夫している。もちろん添加物は一切入っていない。小風呂敷のデザインは日本画家・加山又造の絵がモチーフの上品なもの。一般の贈答用のほか慶事用と弔事用もある。

一つひとつていねいに 小風呂敷に包まれた老舗の味

店内には常時30種ほどの和菓子が並ぶ

贈答用に
ぴったりの包み

お品書き

赤坂もち1個	180円
赤坂もち24個入り（2段箱）	5000円
ほんの喜もち8個入り	800円
三味まんじゅう6個入り	800円

赤坂青野

℡03（3585）0002
港区赤坂7-11-9
地下鉄赤坂駅から徒歩5分
営業時間　9～19時（土曜は～18時）
定休日　日曜、祝日
駐車場　1台
地方発送　可能

こし餡を求肥で包んだほんの喜もち

竹皮包羊羹。ほかに中形羊羹など各種のサイズが揃っている

とらやの
竹《たけ》皮《かわ》包《つつみ》羊《よう》羹《かん》

とらやといえば羊羹であまりにも有名。創業は約480年前の室町時代だが、口伝によれば遠く奈良時代（710〜784）の頃からすでに御所の御用を勤め、桓武天皇の時代には平安遷都に伴い、とらやも御所のお供をして京都へ移ったという。

竹皮包羊羹は江戸中期からとらやの御用留帳にその記録を残すほどの歴史を誇る逸品だ。種類はおもかげ、夜の梅、新緑《しんみどり》、空の旅の4つ。おもかげは黒砂糖の風味が豊か。切り口にのぞく小豆の粒が闇夜に咲く白梅を思わせることから名付けられた夜の梅は小倉羊羹。新緑は抹茶、空の旅は白小豆入り。4種類とも贈答用の化粧箱入りがある。

小豆は極上の北海道産のみを使用。希少で高価な白小豆は、とらや群馬農場から群馬県と茨城県の農家に委託して優れた品質のものを独自に栽培。また和三盆糖は、昔ながらの製法で作

拡大地図 P131　広域地図 P234

られる徳島産を吟味して使用するなど、和菓子の基本の原材料にも徹底的にこだわっている。

半月ごとに変わる生菓子も、とらやの自慢。白小豆の白餡を使った季節感たっぷりの生菓子など常時5～6種類が店頭に並ぶ。

丹念に作り上げた生菓子

長い歴史を刻む とらや伝統の羊羹

赤坂店の地下には喫茶室がある

とらやを支える職人の伊藤郁さん

とらや赤坂店

☎0120(45)4121

港区赤坂4-9-22

地下鉄赤坂見附駅から徒歩7分

営業時間　8時30分～20時（土・日曜、祝日は～18時）

定休日　なし

駐車場　4台

地方発送　可能、生菓子は不可

お品書き

おもかげ、夜の梅各1本 ……2400円

おもかげ、夜の梅各箱入り ……2600円

おもかげ、夜の梅各1本ずつの箱入り ……5000円

季節の生菓子1個 ……370円

パウンドケーキは一度食べたらきっとファンになってしまうほど

ゴンドラの
パウンドケーキ

拡大地図 P131　広域地図 P237

　しっとりとしていて粉っぽくなく、飲み物がなくてもおいしく食べられるのが、ゴンドラのパウンドケーキ。「パウンドケーキならゴンドラ」といわれるほど、熱烈なファンが多い。

　創業は昭和8年。二代目のオーナーシェフ細内進さんは、昭和36年にスイス国立リッチモンド製菓専門学校をアジア人で初めて卒業した人。モットーは「知られているケーキを、よりおいしく作ること」だ。パウンドケーキは小麦粉に砂糖、卵、バターを加えて焼く基本的なバターケーキ。細内さんは幼い頃から父親の仕事を見て育ち、微妙な味加減の奥伝を身体で受けとめて覚えこんだという。先代の頑固さを受け継ぎ、品質のよい素材を使った手作りにこだわっている。

　父子二代の職人気質は三代目の細内さんの息子へも伝わり、フランスやドイツ、ベルギーで修業した後、ゴンドラの伝統の味を父とと

多くの熱烈なファンを集める
しっとりした味わいのパウンドケーキ

もに守り続けている。

　フランスのベイスという最高級のチョコレートを使ったほどよい甘さのショコラゴンドールや、刻んだ砂糖漬けのオレンジを生地に混ぜて焼いたオレンジケーキも絶品だ。

二代目の細内進さん

ショコラゴンドール

明るい店内

ゴンドラ

☎03(3265)2761

千代田区九段南3-7-8

JR市ヶ谷駅から徒歩10分

営業時間　9～20時（土曜は～18時）

定休日　日曜、祝日

駐車場　なし

地方発送　可能

お品書き

パウンドケーキ1切れ	250円
パウンドケーキ缶入り小	2000円
パウンドケーキ缶入り中	3000円
パウンドケーキ缶入り大	5000円
ショコラゴンドール箱入り	1200円
ショコラゴンドール缶入り	2100円
オレンジケーキ箱入り	1200円
オレンジケーキ缶入り	3000円

切腹最中は、餡がこれでもかとはみ出ている

新正堂《しんしょうどう》の

切腹最中

アイデアも名前もユニークな和菓子が並ぶ。たとえば、サイコロ型の箱に真ん丸の最中を入れた e-monaka.com、愛宕神社の石段を馬で駆け上り出世の道を切り開いたと伝える曲垣《まがき》平九郎の故事にちなみ、サブレを階《きざはし》模様にした出世の石段、そして長引く不況を逆手にとった景気上昇最中など。特に景気上昇最中は、最中を〝もなか〟と〝さいちゅう〟の二通りに読ませたうえ、餡に沖縄の黒糖を練り込んで黒字の願いを込めたり、最中の形を縁起のよい小判型にしたり、景気上昇最中と書いた赤いラベルを箱に右肩上がりに貼るなど、洒落っ気のある当主・渡辺仁久さんの人柄が大いに反映されている。

なかでも極め付きは看板の切腹最中だ。以前の店舗が、浅野内匠頭が切腹した田村右京太夫屋敷跡に建っていたことにちなんで考案されたもので、たっぷりの餡が皮からはみ出した姿が

拡大地図 P130　広域地図 P237

アイデアマンの渡辺仁久さんと娘の暦さん

なんともユニーク。これがあれば腹を割って話し合えると、会議のお茶請けにも人気だ。黒い餡ばかりで腹黒いと思われてはいけないと、最中の中心には白い求《ぎゅう》肥《ひ》が入っている。次は、どんなアイデアでどんな名前の和菓子が登場するか楽しみだ。

アイデアだけではなく素材にもこだわった最中

これを食べれば景気上昇は間違いなし!?

新正堂

☎03(3431)2512
港区新橋4-27-2
JR新橋駅から徒歩7分
営業時間　9～20時(土曜は～17時)
定休日　日曜、祝日
駐車場　なし
地方発送　可能

お品書き

切腹最中1個	170円
切腹最中10個入り	1950円
景気上昇最中1個	150円
景気上昇最中6個入り	1000円

天井の造りが斬新な店内

上白もち米が主原料の豆大福は買ったその日が賞味期限

岡《おか》埜《の》栄泉《えいせん》の 豆大福

岡埜栄泉は江戸時代から続く和菓子の老舗。だが、総本店は明治時代に店を閉じた。現在都内各所にある同名店は総本店からの暖簾分けで、みな独立した店舗を構え、おのおの自慢の商品で競い合っている。この虎ノ門の岡埜栄泉の創業は大正元年（１９１２）。この地に移転したのは昭和23年のこと。

江戸時代から〝福を呼ぶ菓子〟として親しまれてきたのが大福。評判の豆大福は創業以来の味を頑固に守り通してきた銘菓だ。宮城産をはじめ精選したもち米を用い、自家製の餡は吟味

この店の裏手で和菓子が作られている

拡大地図 P130　広域地図 P237

午前中には売り切れてしまう "日本一"を名乗る豆大福

古くから東菓子として人気の栗饅頭

した北海道産の小豆を使って手間ひまかけて精魂込めて作る。ほのかな塩味が甘さをほどよく引き立てる、赤えんどう豆にもこだわりをもつ。その日に売る分はその日の早朝に作るが、午前中には売り切れてしまう。保存料や添加物などは一切使用していないため、買った当日が賞味期限。必ず入手したいのなら電話予約したほうがいい。

先代が考案した、栗の甘露煮がひと粒丸ごと入った栗饅頭も人気。餡は北海道産の白小豆「大手忙」を使っている。

お品書き

豆大福1個	230円
豆大福5個入り	1270円
豆大福10個入り	2450円

※栗饅頭も同じ

岡埜栄泉

☎03(3433)5550
港区虎ノ門3-8-24
地下鉄虎ノ門駅から徒歩7分
営業時間　9～17時(土曜は～12時)
定休日　日曜、祝日
駐車場　なし
地方発送　不可

いなりずしの折り詰めは6個から100個まで希望の数でみやげにできる

おつな寿司の
いなりずし

明治8年（1875）、六本木の一角に茶店を開いたのが、この店の始まり。初代は近藤つなといい、彼女の作ったいなりずしが評判を呼び、いつの頃からか〝おつなさん〟といえば、いなりずしの代名詞に。庶民はもとより、宮家や高級官吏などの嗜好品としても賞味されるようになったという。

当主の近藤功夫さんは五代目。表裏をひっくり返した油揚げで、ゆずの皮を刻んで混ぜた酢飯を包んだいなりずしは、甘さ控えめのさっぱりとした味。裏返し

いなりずしは上品なひと口サイズ

拡大地図 P131　広域地図 P234

裏返しにした油揚げとゆずの香りがおつなさんの味

た油揚げ、旨みを醸すゆず、これもおつなさんのアイデアだという。

今では1日に2000～3000個が売れ、彼岸にはなんと1万2000個ほどを販売したこともあるという。おつなさんが聞いたら喜ぶより、きっとびっくりする数だ。油揚げは継ぎ足し継ぎ足ししてきた秘伝の煮汁で味付けされている。

太巻き、かんぴょうの細巻き、いなりずしをセットにしたのり太巻きいなり、たくあん巻き、奈良漬巻き山ごぼうの味噌漬巻きにいなりずしを加えたおしんこ巻きいなりなどもみやげに手頃だ。

おつなさんの味を守り続ける五代目近藤功夫さん

のり太巻きいなり（上）とおしんこ巻きいなり

お品書き

いなりずし1個 ………………… 95円
※100個まで希望の数でみやげ可能（折代別）
おしんこ巻きいなり1折 ………… 795円
のり太巻きいなり1折 ………… 825円

おつな寿司

☎03（3401）9953
港区六本木7-14-4
地下鉄六本木駅から徒歩1分
営業時間　11～23時（土曜は～22時、日曜、祝日は～20時、テイクアウトは8時から可能）
定休日　お盆と1月1～3日
駐車場　なし
地方発送　不可

店内には立派なカウンター席がある

利休ふやきは一つひとつていねいに包装されている

菊家《きくや》の 利休ふやき

それぞれのお茶や趣向に合わせた茶席用の和菓子で有名な、間口2間ほどの小ぢんまりした店。青山通りと六本木通りを結ぶ骨董通りに面して建ち、店先の柳の木と、右から左へ「菊家」と書かれた風格ある木の看板が目印だ。

　名物は安土桃山時代の茶人・千利休が残した文献をもとにつくられた利休ふやき。『そのかみの利休が好みしふやき菓子　いまにつたえて舌にとけいる』と、利休ふやきのしおりにあるとおり、パリッとしているが、口に含むととろりと溶けてしまう軽いお菓子。上

パリッとした歯ごたえの利休ふやき

拡大地図 P131　広域地図 P242

千利休にちなんで作られた
とろりと溶ける風流な茶菓子

品な色調と淡白な甘み、そしてその清楚な姿から、茶席はもとより贈答用としても人気が高い。

4種類の味が楽しめる一口おこし

20種類ほどの生菓子と15種類余りの干菓子も売られているが、利休万頭と瑞雲（黄味しぐれ）以外は、季節に合わせて入れ替わる。11月上旬～12月中旬にはゴマ、青ノリ、ニッキ、サンショウの4種類の味を缶に詰めた一口おこしも販売される（売り切れ次第終了）。柔らかでしかもサクッとした歯ごたえがいい。創業は昭和11年。黙々と和菓子ひと筋に力を注ぐ当主は二代目。菓子はすべて丹精込めた手作りだ。

お品書き

利休ふやき15枚入り	2000円
利休ふやき36枚入り	3980円
利休万頭1個	220円
瑞雲1個	300円
一口おこし1缶	1400円

菊家

☎03（3400）3856

港区南青山5-13-2

地下鉄表参道駅から徒歩8分

営業時間　9時30分～17時（土曜は～15時）

定休日　日曜、祝日

駐車場　なし

地方発送　可能

店先に掲げられた風格ある木の看板

店内は小ぢんまりしている

レーズンクッキーの風味はシロップと洋酒で決まる

欧風菓子クドウの
レーズンクッキー

　青山通りから一歩南へ入った路地に建つ、小さな欧風菓子専門店。客層は広く、スーツ姿の男性客も目立つが、特にケーキ類は若い女性に人気だ。

　みやげに最適なのがレーズンクッキー。オーナーが若いとき、ベーカリーチーフとして某洋菓子店で働いていた頃に大ヒットした商品で、アーモンドの香ばしさとレーズンのほのかな酸味、そしてバタークリームのコクのある味がみごとに調和した、クドウ独特のクッキーだ。香りのいいレーズンの風味は、昭和47年の

レーズンとバタークリームがたっぷり

拡大地図 P131　広域地図 P242

青山店のチーフ、矢吹隆洋さん

エンガディナー（中）

店内にはおいしそうなケーキが並ぶ

創業当時から継ぎ足して煮続けているシロップと、上質の洋酒によって醸し出される。牛乳やバター、クリームなどは、デンマークやフランスと同緯度にあって風土が似ている北海道釧路地方の牧場で飼育されているホルスタインの恵み。素材にもとことんこだわっている。

スイス東部のエンガディン地方の焼き菓子エンガディナーもおすすめ。小田原産のみかんと蜂蜜、そしてたっぷりの信州くるみを使ったヌガーだ。ショコラ（350円）などケーキ類も豊富に揃う。

アーモンドの香ばしさとレーズンの酸味がベストマッチ

お品書き

レーズンクッキー1個	180円
レーズンクッキー10個入り	1960円
エンガディナー小	1200円
エンガディナー中	2600円

欧風菓子クドウ青山店

☎03（3498）0910
港区南青山5-6-19 セイナンビル1F
地下鉄表参道駅から徒歩1分
営業時間　8時30分～19時（祝日は～18時、日曜は10～18時）
定休日　なし
駐車場　なし
地方発送　可能、一部不可

10種類のラム酒漬けのフルーツケーキには果物がたっぷり入っている

ルコントの
フルーツケーキ

昭和43年、パティシエのアンドレ・ルコントが創業した、日本で初めてのフランス人によるフランス菓子専門店。創業以来〝万事フランス流に……〟が基本姿勢。その本場の味が支持され、若い女性をはじめ各国大使館や政府省庁などにも根強い人気を得ている。

常に焼きたてのフレッシュなおいしさで喜ばれているのがフルーツケーキ。クランベリー、ブルーベリー、プラム、アプリコット、アップル、レーズン、グリオットチェリーなど、ラム酒に1カ月以上漬け込んだ10種類の果物を丸ごと贅沢に使い、生地にもたっぷりラ

広い喫茶室も併設されている

拡大地図 P131　広域地図 P234

ラム酒をたっぷり使った
芳醇な味わいのフルーツケーキ

日本酒にも合うサブレフロマージュ

シェフでパティシエの前田秀幸さん

ム酒が入っている。包装を解くと、ラム酒とフルーツの芳醇な香りに鼻腔がくすぐられる。

ヨーロッパの最高級のグリエールチーズをふんだんに使ったサブレフロマージュも人気がある。白ごまと黒ごまをかけたルコント唯一の塩味の菓子で、酒のつまみによく合う。喫茶室を併設した店内には、常時20種類ほどの洋菓子が並んでいる。

お品書き

フルーツケーキ1本	3000円
フルーツケーキ10個入り	3500円
サブレフロマージュ1箱	1500円

ルコント青山本店

☎03(3475)1770

港区南青山1-1-1 新青山ビル西館B1F

地下鉄青山一丁目駅からすぐ

営業時間　9時30分～21時（土曜は～20時、日曜、祝日は10時30分～19時）

定休日　なし

駐車場　360台

地方発送　可能、一部不可

店の入口にある売店

おとぼけ豆をはじめ豆菓子は小袋入りが多い

豆源《まめげん》の豆菓子

　店内の一角で香ばしい匂いを漂わせながらおかきを揚げているが、メインは煎り豆などの豆菓子。落花生をはじめそら豆、えんどう豆、アーモンドなどの豆類は、それぞれ旬の時期に良質なものだけを仕入れ、昔ながらの製法で風味豊かな商品が作られる。

　特になんきん豆は、その日の朝に煎るため、時間が早ければまだ温かなものを買うことができる。青海苔、えび、刻み海苔の３つの味が楽しめるおとぼけ豆、梅の酸味と香りがいい梅落花、半押しして熱風で煎った柔らかな塩豆など、扱う商品はおかきなども含めて常時約１００種類もある。食べ切りサイズの小袋入りなのもありがたい。

　創業は慶応元年（１８６５）。初代は駿河屋源兵衛といい、屋台を引いて江戸下町を中心に煎り豆を売り歩き〝豆やの源兵ヱさん〟と呼ばれて親しまれたという。麻布十番に移ってから

拡大地図 P130　広域地図 P242

初代は豆やの源兵ヱさん 江戸風味の豆菓子の専門店

店の一角ではおかきを揚げている

揚げたてのおかきも人気

豆菓子の種類は豊富

は、店頭に大きな日傘のある店として注目され、江戸風味の豆店として多くの人々に支持されてきた。

現在はビルの1階に店舗を構える。時代が変わっても豆屋としての人気は変わらず、一日中、客足の絶えることがない。

お品書き

おとぼけ豆1袋135g入り	300円
梅落花1袋135g入り	300円
塩豆1袋155g入り	350円
煎りたてなんきん豆1袋	600円
塩おかき1袋90g入り	350円
塩おかき1袋190g入り	700円

豆源

☎03(3583)0962

港区麻布十番1-8-12

地下鉄麻布十番駅から徒歩2分

営業時間　10〜20時

定休日　火曜不定休

駐車場　なし

地方発送　可能

店内はさまざまな豆菓子でいっぱい

かすてらの色は、無農薬の餌を食べて育った鶏の卵ならではの自然の色

白水堂《はくすいどう》の かすてら

明治20年（１８８７）、長崎市思案橋に開業。白水堂のかすてらは当初、長崎だけで売られていた。のちに長崎県庁の選定を受け、同39年（１９０６）、東京で開催された日露戦役凱旋記念共進会において、東宮殿下御用品として買い上げられるなどして、東京の人々にもしだいにカステラの名が知られるようになっていった。

より名声を博したのは、東京で開かれた御大典記念大正博覧会でカステラの実演販売をしたときのこと。これを機に大正3年（１９１４）、白水堂の二代目が、東京在住の長崎県人会の有志の薦めを後押しに東京店を開設した。これが長崎カステラ最初の県外進出で、白水堂は当主で四代目を数える。

白水堂のかすてらは、すべてにおいて品質にこだわっている。原料はざらめ、精白糖、鶏卵、小麦粉、水飴など。特にカステラの色

拡大地図 P130　広域地図 P242

品質にこだわる頑固さで
本場長崎の味を守り続ける

店内にはかすてらのほか和菓子も並ぶ

と味を左右する鶏卵は、無農薬の自然の餌を食べて育った鶏が生んだものを用い、また水飴は深い飴色の上質な米飴を使っている。だからしっとりと焼き上がり、色も自然のまま。

　こうして本場長崎の味を今に伝えている。

お品書き

かすてら1切れ	150円
かすてら半斤	750円
かすてら1斤	1500円
うづき1本	960円

※いずれも税別

白水堂

☎03(3583)2489

港区麻布十番1-8-10

地下鉄麻布十番駅から徒歩2分

営業時間　9〜20時

定休日　火曜

駐車場　なし

地方発送　可能、一部不可

かすてらは斤単位で販売。これは半斤

大狸（手前）、小狸（右中）、古狸（左中）、元老狸（奥）の４種類のたぬき煎餅

たぬき煎餅の
直焼き煎餅

タヌキと「他を抜く」という言葉をかけて、どの店よりもおいしいせんべいづくりを目指すというのが店名の由来。タヌキの形の直焼きせんべいが看板で、店先では大きな信楽焼のタヌキが愛嬌をふりまく。

創業は昭和3年。当初は浅草柳橋に店を構えた。だが、昭和20年の東京大空襲を機に、近くに狸穴や狸坂などの地名がある現在地に縁を感じて移転した。

当主は三代目。自ら店の一角で3時間余りかけて400枚ほどのせんべいを焼き、その傍らで義弟が焼き上がったせんべいにすばやく醤油を塗る。

たぬき煎餅のメインは4種類。小狸は柔らかく、古狸は中間の硬さ。濃いめの醤油を塗った大狸は厚焼きで、醤油を二度塗りした堅焼きが元老狸。原料の米は庄内産のササニシキを使い、初代から伝わる昔ながらの手法で焼く。この4種類のせんべいには、宮内庁御用

拡大地図 P130 広域地図 P242

他を抜きどこよりもおいしい日本一のせんべいを目指す

店先で毎日400枚のせんべいを焼く日永治樹さん

お品書き

小狸5枚入り　……400円（直焼き600円）
大狸5枚入り　……500円（直焼き750円）
古狸5枚入り　……500円（直焼き750円）
元老狸5枚入り……800円（直焼きのみ）
※ほかに詰め合わせもある
わらべ狸8袋入り　…………1000円

たぬき煎餅
☎03（3585）0501
港区麻布十番1-9-13
地下鉄麻布十番駅から徒歩2分
営業時間　9〜20時（土・日曜、祝日は〜18時）
定休日　なし
駐車場　なし
地方発送　不可

達の御用蔵製の醤油を用いている。小狸は焼きたて（1枚120円）を買うこともできる。

えび入りで、周りにゆずや抹茶、海苔、ざらめなどをまぶしたかわいいひと口サイズのわらべ狸（1袋8枚入り）もタヌキの形。

いろいろな味が楽しめるわらべ狸

焼き色も絶妙な人形焼き。表情も豊かで食べるのがもったいないほど

紀《き》文堂《ぶんどう》の
人形焼き

初代が修業を重ねた浅草雷門の紀文堂総本店から、明治43年（1910）に暖簾分けして独立。当主で三代目を数える、手焼きの菓子舗だ。

著名人にもファンが多い餡入りの人形焼きは、ふくよかな七福神の顔をかたどったもの。七福神といえば大黒天、恵比須、毘沙門天、弁財天、福禄寿、寿老人、布袋の七柱の福徳の神だが、この店の七福神はじつは毘沙門天のいない六福神。これは型の都合。それでもめでたいとあってお祝いごとなどに喜ばれている。

餡は北海道十勝産の小豆を使用。生地は焼き上がりを美しくするため薄力粉とでんぷん質を多く含む強力粉を混ぜ合わせ、砂糖と蜂蜜を加えてたっぷりの卵で溶く。水はほとんど使わないから焼き色と艶加減もちょうどよく、一度食べたら忘れられない豊潤な味だ。

人形焼きの生地にメレンゲを加えて焼いたのがワッ

拡大地図 P130　広域地図 P242

ふっくら焼けた六福神は お祝いごとに最適

見事な手さばきを見せる
ご主人の須崎正巳さん

ワッフルも好評

フルと秋の山。ワッフルはカスタードクリームとあんずジャム入りの2種類。秋の山は栗や松茸などをかたどった、餡なしのやや小ぶりの人形焼きだ。

紀文堂

☎03(3451)8918

港区麻布十番2-4-9
地下鉄麻布十番駅から徒歩3分
営業時間　9時30分～19時
定休日　火曜
駐車場　なし
地方発送　可能

お品書き

人形焼き1個	80円
人形焼き12個入り	1100円
ワッフル各1個	100円
ワッフル12個入り	1450円
秋の山1袋	500円

薄い皮がカリッと焼けて餡もたっぷりの鯛焼き

浪花《なにわ》家《や》の鯛焼き

拡大地図 P130　広域地図 P242

映画監督の山本嘉次郎や詩人のサトウハチローも常連だった老舗。創業は明治42年（１９０９）。日本で初めて鯛焼きを売り出したのがこの店だ。

　餡は北海道産の上質な小豆を時間をかけてじっくりと炊く自家製。煮かたにコツがあり、出来上がりにほどよい甘さと風味が生きている。焼きは、一つひとつ型で焼く一丁焼き。火の上に型をずらりと並べ、手慣れた職人３人が勘を交えて次々と焼いていく。焼くのは一日２０００個ほど。手焼きの限界の数だという。すべて一日で売り切れてし

ラードと揚げ玉を使った焼きそばも人気

しっぽまで餡だらけ
薄皮の元祖鯛焼き

冷めた鯛焼きのほうが好きだというご主人の神戸将守さん

店内は昔の食堂風

まう。皮はカリッとしていて香ばしく、餡はしっぽまでびっしりと詰まっている。味をより引き立てるため、皮には中力粉に近い薄力粉を使用。皮は薄く、中の餡が透けて見えるほどだ。1個でも1～2時間待たされることも多いから、電話で注文したほうがいい。

　店は古びた昔風の木造。黒光りする梁、木のテーブルやイス。入口付近には囲炉裏のテーブルもあり、店内で焼きたてを食べるのもいい。

　ほかに焼きそばなどもみやげにできる。

お品書き

鯛焼き1個 ……………………150円
※希望の数でみやげ可能
焼きそば ……………………500円

浪花家総本店

☎03(3583)4975
港区麻布十番1-8-14
地下鉄麻布十番駅から徒歩2分
営業時間　11～19時
定休日　火曜・第3水曜
駐車場　なし
地方発送　不可

チーズケーキの思い出

口に入れるとするりと溶け、優しいチーズの香りが口にいっぱい広がるレアチーズケーキは、フランス生まれかと思っていたら、スイス、オーストリア、ドイツの系統だと私は近ごろ知りました。昔は洋食とか西洋料理とかでひとくくりにしてきた料理も、最近はフランス、イタリア、スペイン、ドイツ、メキシコなどと国の名前を冠にするようになってきましたが、ケーキの場合はチーズケーキのようにあまり国籍は問わないようです。イタリア生まれのティラミスやオーストリア生まれのチョコレートケーキ、ザッハトルテなどがどこでも食べられるようになったのは嬉しいこと。また、料理のあとに食べるデザート系のお菓子とテイクアウトする菓子店の間の境界も薄れてきています。砂糖、バター、生クリームなどを使うケーキは太ると敬遠する人もいますが、たくさん食べれば太るのは当然で、ティータイムや食後にいただく甘みは、疲れをいやし心の栄養になるものです。

新宿・渋谷・板橋・世田谷エリア

筑土八幡町
地下鉄東西線
東京厚生年金病院
津久戸町
下宮比町
飯田橋駅
新宿区
津久戸小
地下鉄南北線
飯田橋
神楽坂
アインスタワー
いいだばし萬年堂
(P174)
神楽坂上
揚場町
大久保通り
地下鉄大江戸線
五十番(P178)
地下鉄有楽町線
飯田橋駅
飯田橋駅
毘沙門天
神楽坂
袋町
神楽坂
ラムラ
中央線
千代田区
楽坂
光照寺
東京理科大
神楽坂下
富士見

新宿
東京医科大
園神社
万頭
(P170)
御苑大通り
富久町
伊勢丹パークシティ
新宿五
新宿五東
厚生年金会館
新宿一北
富久町西
靖国通り
新宿三丁目駅
ビックスビル
地下鉄新宿線
追分だんご本舗(P172)
大木戸坂下
会館
新宿二
花園通り
太宗寺
新宿区
花園小
外苑西通り
新宿通り
花園公園
新宿門
新宿御苑前駅
地下鉄丸ノ内線
新宿一
四谷出張所
四谷四
大木戸門
管理事務所
大温室
新宿御苑
内藤町
渋谷区
千駄ヶ谷
四谷一
地下鉄丸ノ内線
新宿通り
四ツ谷駅
地下鉄南北線
中央線
アトレ四谷
わかば
(P176)
四谷見附
若葉
四谷
外堀通り
四ツ谷駅
聖イグナチオ教会
麹町
新宿区
四谷中
千代田区
四ツ谷
上智大

1：10,000

0 200m

地図の方位は真北です

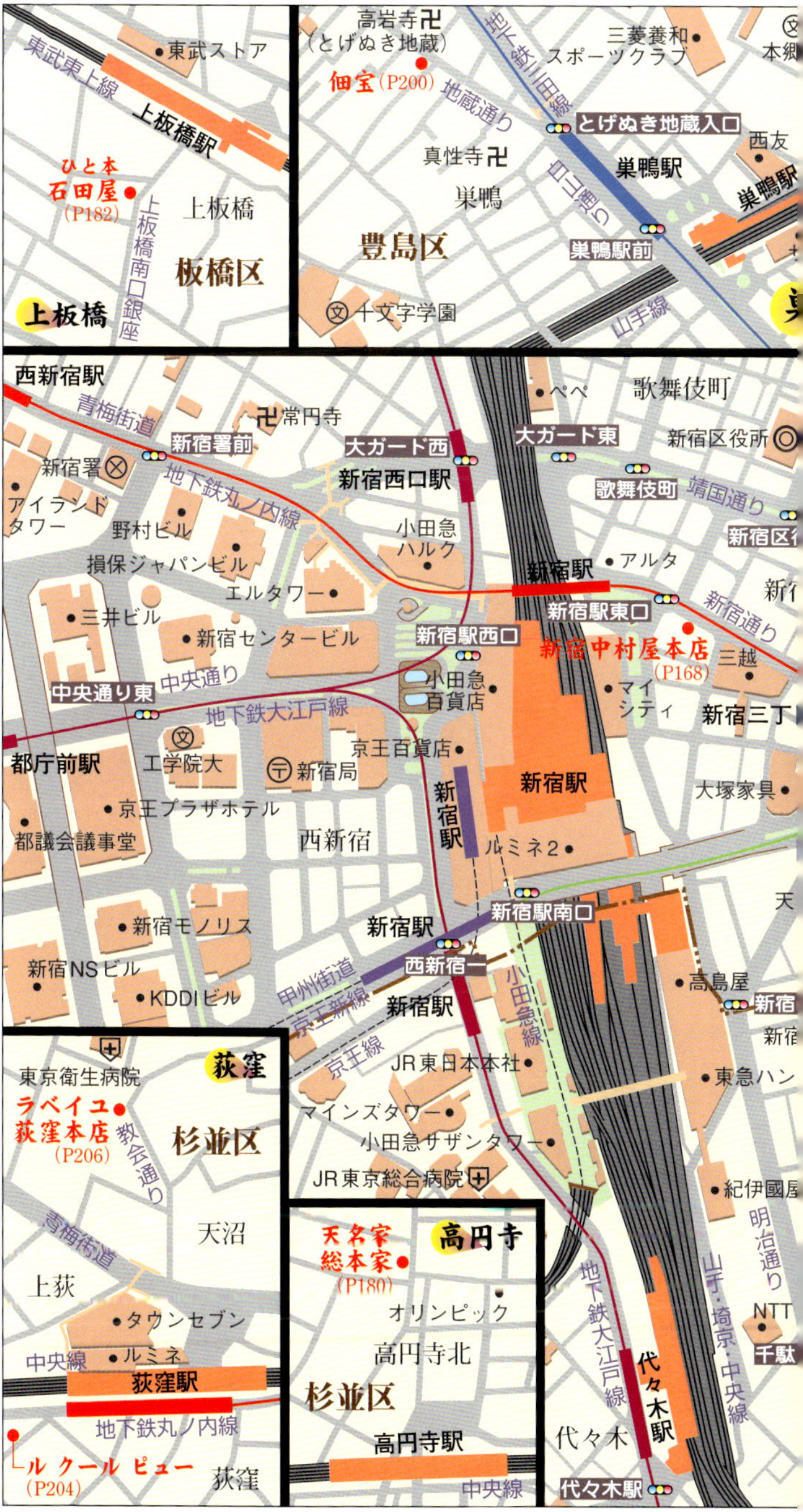
上板橋
東武ストア
東武東上線
上板橋駅
ひと本
石田屋
(P182)
上板橋
上板橋南口銀座
板橋区
高岩寺
(とげぬき地蔵)
佃宝(P200)
地蔵通り
地下鉄三田線
三菱養和
スポーツクラブ
本郷
とげぬき地蔵入口
西友
真性寺
巣鴨駅
巣鴨駅
巣鴨
白山通り
豊島区
巣鴨駅前
十文字学園
山手線
西新宿駅
青梅街道
常円寺
新宿署前
大ガード西
大ガード東
ぺぺ
歌舞伎町
新宿区役所
新宿署
地下鉄丸ノ内線
新宿西口駅
歌舞伎町
靖国通り
アイランド
タワー
野村ビル
小田急
ハルク
新宿区役
損保ジャパンビル
新宿駅
アルタ
エルタワー
新宿駅東口
新宿通り
三井ビル
新宿駅西口
新宿中村屋本店
(P168)
新宿センタービル
三越
中央通り東
中央通り
小田急
百貨店
マイ
シティ
地下鉄大江戸線
新宿三丁
都庁前駅
工学院大
新宿局
京王百貨店
新宿駅
新宿駅
大塚家具
京王プラザホテル
都議会議事堂
西新宿
ルミネ2
天
新宿駅南口
新宿モノリス
新宿駅
西新宿一
新宿NSビル
甲州街道
小田急線
高島屋
KDDIビル
京王新線
新宿駅
新宿
新宿
京王線
JR東日本本社
東急ハン
マインズタワー
小田急サザンタワー
JR東京総合病院
紀伊國屋
明治通り
地下鉄大江戸線
山手・埼京・中央線
NTT
千駄
代々木駅
代々木
代々木駅
荻窪
東京衛生病院
ラベイユ
荻窪本店
(P206)
教会通り
杉並区
青梅街道
天沼
上荻
タウンセブン
中央線
ルミネ
荻窪駅
地下鉄丸ノ内線
ルクールピュー
(P204)
荻窪
天名家
総本家
(P180)
高円寺
オリンピック
高円寺北
杉並区
高円寺駅
中央線

渋谷・原宿
東郷神社
竹下通り
原宿駅
明治通り
パレフランス
竹下口
原宿駅前
デメル(P184)
ラフォーレ原宿
明治神宮前駅
t's harajuku
神宮前
原宿の丘
神宮前
神宮前小
まい泉
青山本店
(P188)
地下鉄千代田線
表参道
エスキス
表参道
明治通り
リンビール
京セラビル
キャットストリート
北青山
善光寺
表参道駅
ハナエモリビル
青山パラシオ
表参道
穏田神社
港区
青山通り
南青山
渋谷区
紀ノ国屋
スパイラル
渋谷高
青山病院
青山
パークタワー
こどもの城
都児童会館
地下鉄半蔵門線
地下鉄銀座線
渋谷
渋谷局
宮益坂上
宮益坂
金王坂
クロスタワー
渋谷署前
六本木通り
渋谷署
金王神社
明治通り
東急東横線
渋谷区
港区
広尾駅
聖心女子大
広尾橋
広尾
南麻布
広尾プラザ
祥雲寺
東京フロインドリーブ
(P186)
外苑西通り
地下鉄日比谷線
広尾五
明治通り
渋谷川
天現寺橋
恵比寿
広尾病院
広尾
慶應幼稚舎

1：10,000

0 200m

地図の方位は真北です

学芸大学
東急東横線
目黒六中
中町通り
中町
さか昭
(P194)
鷹番の湯
油面通り
目黒区
鷹番
鷹番通り
中央町
学芸大学駅
笠間稲荷
目黒通り
鷹番小
目黒局前
目黒局
自由が丘
八雲三
目黒通り
目黒区
自由通り
自由ヶ丘学園
カトレア通り
自由が丘
東急東横線
学園通り
熊野神社
亀屋万年堂
緑が丘
パリ・セヴェイユ
(P208)
自由が丘
スイーツ
フォレスト
(P210)
すずかけ通り
自由通り
モンブラン
(P196)
ピーコック
東急ストア
自由が丘駅
奥沢
東急大井町線
世田谷区
都立大学
目黒区
目黒通り
八雲
都立大学駅前
ちもと
(P192)
東急東横線
都立大学駅
中根
平町
NHK
渋谷区役所前
渋谷公会堂
渋谷区役所
宇田川町
神南小
公園通り
勤労
福祉会館
東急
ハンズ
パルコ
宇田川町
BEAM
ロフト
道玄坂二
井ノ頭通り
文化村通り
100
道玄坂下
道玄坂
東急田園都市線
ハチ公像
渋谷
マークシティ
京王井の頭線
渋谷駅
東急プラザ
道玄坂
首都高速渋谷線
玉川通り
尾山台
尾山台駅
東急大井町線
世田谷区
ハッピーロード
尾山台
等々力
尾山台
体育館
尾山台小
オーボンヴュータン
(P190)
環八通り
尾山台
田園調布
田園調布
醍醐
(P198)
レピドール
(P203)
田園調布駅
東急東横線
東急目黒線
大田区

伝統の味を守り続ける黒かりんとう（左）と貴甘坊（右）

新宿中村屋の
黒かりんとう

かりんとうの起源は平安時代。遣唐使によってもたらされた結果《かいはな》や環餅《まがい》などと呼ばれた揚げ菓子が発達したものといわれ、天保年間（１８３０〜４４）には江戸深川六間堀の山口屋吉兵衛が売り出して、爆発的に流行したという。

新宿中村屋がかりんとうの販売を始めたのは大正時代後期。パン職人の中谷広門が創業者の相馬愛蔵に「日本一のかりんとうを作りたい」と申し出たことによる。

小麦粉を練った生地を油で揚げ、黒砂糖をまぶしただけの硬くて油っぽい従来のものに比べ、中谷広門が作ったかりんとうは柔らかくサクサクした独特の歯ごたえで評判を呼び、やがて看板商品として定着した。その味は今も受け継がれ、ミルクとチーズが調和した貴甘坊《きかんぼう》、沖縄宮古島産の黒糖の風味とコクが生きた黒かりんとうの2種類がある。駄菓子だったかりんとうを

拡大地図 P165　広域地図 P235

インドカリーのほかビーフカリーもある

袋詰めにし、また缶に入れるなどしてイメージアップさせたのも、中村屋の功績といえる。

中村屋には、もう一つ自慢の味がある。昭和2年に発売された純インド式カリーだ。その伝統技術を生かしたレトルト品も多くのファンをもつ。

看板商品のかりんとうは一職人の意気込みから生まれた

お品書き

黒かりんとう1袋	300円
黒かりんとう缶入り	900円
貴甘坊1袋	300円
貴甘坊缶入り	1100円
カリー箱入り	400円〜
カリー缶入り	600円〜

新宿中村屋本店

☎03(3352)6161

新宿区新宿3-26-13

JR新宿駅から徒歩1分

営業時間　10〜22時
定休日　なし
駐車場　なし
地方発送　可能

花園万頭は柔らかな皮と餡が一つにとけあうまんじゅうの傑作

花園万頭《はなぞのまんじゅう》の 花園万頭

銘菓として名高い花園万頭は〝日本一高い日本一うまい〟がキャッチコピー。花園万頭はすべて手作業で作られる。大和芋と小麦粉を秘伝の配合で混ぜた生地をこね、餡を包んで蒸し、冷まして出来上がり。

餡は粒選りの北海道大納言小豆を使い、甘味には上質なざらめと徳島の和三盆糖を用いて、あっさりと上品な味に仕上げている。もちもちした皮と餡がほどよく調和し、舌ざわりは軽やか。一つひとつ竹の皮に包まれたひと口サイズで食べやすい。

大納言小豆を秘伝の蜜で数日間じっくりと煮込んだ、ぬれ甘なつとも秀逸だ。小豆の皮が崩れず、しかも柔らかく煮上がっていて、芯まで甘みを含み、舌にとろけるような味わい。ぬれ甘なつとは月形半平太の名台詞「春雨じゃ、濡れて行こう」の粋な情緒から命名されたという。

花園万頭の創始者は、天

拡大地図 P164 広域地図 P235

保5年（1834）に金沢で創業した石川屋本舗の三代目・石川弥一郎氏。

　氏は明治39年（1906）東京に進出、昭和5年に加賀百万石前田家の御用地であった現在地に移転。店名も商品名も店の前に鎮座する花園神社にちなむ。

皮も餡も最高級の素材を使った ひと口300円のまんじゅう

天井の高い店内は開放感いっぱい

花園万頭は職人が一つひとつ手作りする

見た目も美しいぬれ甘なつと

お品書き

花園万頭1個	300円
花園万頭10個入り	3300円
ぬれ甘なつとカップ5個入り	1500円
ぬれ甘なつと190ｇ入り	1000円
ぬれ甘なつと280ｇ入り	1500円

花園万頭

☎03（3352）4651

新宿区新宿5-16-15

地下鉄新宿三丁目駅から徒歩2分

営業時間　9～19時（土・日曜、祝日は～18時）

定休日　なし

駐車場　なし

地方発送　可能

左からみたらし、草、のり巻き、こしあん

追分《おいわけ》だんご本舗の

追分だんご

拡大地図 P164　広域地図 P235

　康正元年（1455）、太田道灌が鷹狩の際、土着の名族からだんごが献上された。それを食べた道灌は、滋味であると賞賛した。後に名族は、そのだんごを道灌だんごと名付けて高井戸で茶店を開いたところ、大いに繁盛したという。元禄年間（1688〜1704）に新宿が宿駅となり、それに伴い茶店も新宿に移転した。道灌だんごはここでも行き交う旅人に親しまれ、茶店が追分にあったことから、いつの頃からか追分だんごと呼ばれるようになったという。これが、追分だんごの由緒だ。

　昭和23年に開業した追分だんご本舗は、この追分だんごの歴史を受け継ぐ新宿の名店。こだわりにこだわり抜いた素材を使い、午前2時からその日に売るだんごを仕込む。食べ飽きない甘さが、追分だんごの人気の秘密。みたらし、草、こしあん、のり巻きの4種類があり、買ったその日が賞

江戸時代から旅人に好まれた新宿名物の茶店のだんご

売店の奥にある喫茶スペース

ケースには追分だんごのほかいろいろな和菓子が並ぶ

味期限。

一つひとつ経木にのった手作りおはぎも人気がある。福島産の上等なもち米を用い、甘さを抑えた餡が上品だ。売店の奥には喫茶スペースがあり、かつての茶店の雰囲気にひたりながら追分だんごが食べられる。

甘さを控えた手作りおはぎ

お品書き

みたらしだんご、草だんご、こしあんだんご
各1串 ……………………… 150円
のり巻きだんご1串 ……………… 160円
手作りおはぎ1個 ……………… 200円
※ともに希望の数でみやげ可能

追分だんご本舗

☎03(3351)0101

新宿区新宿3-1-22
地下鉄新宿三丁目駅からすぐ
営業時間　10時～20時30分
定休日　なし
駐車場　なし
地方発送　不可

御目出糖は結婚式の引き出物や各種祝いごとに人気

いいだばし萬年堂《まんねんどう》の

御目出糖

萬年堂は元和元年（1615）京都三条寺町に創業。明治5年（1872）、九代目のとき東京銀座に移転し、以来京菓子を中心とした和菓子の老舗として、その名を馳せている。いいだばし萬年堂の当主・樋口悠治さんは、銀座萬年堂の十二代目にあたる故樋口登喜雄さんの弟。18歳のときから約35年間、兄の片腕として銀座萬年堂で菓子づくりに励み、平成5年に独立した。

一見赤飯に似た御目出糖《おめでとう》は、元禄の頃から続く家伝の銘菓。こし餡に3種類の米粉と上白糖を混ぜて練り、篩《ふるい》を使ってそぼろ状にした

抹茶の香り豊かな高麗餅

拡大地図 P164 広域地図 P229

赤飯に似た御目出糖は元禄の頃からの銘菓

萬年堂の味を守り続ける樋口悠治さん

店内は小ぢんまりしている

生地の上に、蜜漬けの大納言小豆を均等に散らして強い蒸気で蒸し上げる。ほどよい甘さともっちりした舌ざわりが独特で、その名前から祝いごとに喜ばれている。

　御目出糖と同じ製法で作られるのが高麗餅。抹茶を混ぜた白餡を使い、その見た目の色合いから、かつては不祝儀用として利用された。近年はお茶が身体にいいといわれるようになったことから、贈答用としても人気が出てきた。四季折々の上生菓子も樋口さんの得意分野だ。

お品書き

御目出糖1個	240円
御目出糖10個入り	2600円

※高麗餅も同じ

いいだばし萬年堂

☎03（3266）0544

新宿区揚場町2-19

JR・地下鉄飯田橋駅から徒歩2分

営業時間　10～19時（土曜は～17時）

定休日　日曜、祝日（彼岸の中日、3月3日、5月5日は営業）

駐車場　なし

地方発送　可能、一部不可

わかばの鯛焼きはやや角張っているのが特徴

わかばの 鯛焼き

店は新宿通りの四谷一丁目の信号を南へ入り、狭い路地を50メートルほど行った右側にある。小さいが茶屋風の趣ある造りで、店の周辺には新宿通りの喧騒も届かず横丁らしい雰囲気が漂っている。

かつて鯛焼きは、駄菓子屋などで売られていた子どものおやつ。わかばも昭和28年の創業当時は駄菓子屋だった。それが、いつの頃からか鯛焼きが有名になり、今では一日に夏は１０００個余り、冬は３０００個ほどを売るという。特に冬は行列ができるほどの人気ぶりだ。当主の小澤市明さんは子どもの頃から店を手伝ってきた三代目。自ら鯛焼きを焼く職人の一人。もちろん鯛焼きは店先で一つひとつ焼く手焼きだ。

しっぽの部分に「わかば」と印された焼き型は、画家の木村荘八の筆によるオリジナル。餡はほどよい甘さで、しっぽまでたっぷりと入っていて鯛全体が餡だら

拡大地図 P164 広域地図 P234

駄菓子屋の鯛焼きが有名になり今では一日3000個を売る

期間限定で販売されるみたらしだんごと餡だんご

けといった感じ。皮は1ミリもないほど薄い。

　店内では鯛焼きのほか、夏は氷あずきや宇治などのかき氷も食べられる。春の彼岸から秋の彼岸まで約6カ月間は、みたらしだんごと餡だんごも販売される。こちらもみやげに好評だ。

狭いが風情ある店内

お品書き

鯛焼き1個	120円
鯛焼きファミリーパック10個入り	1240円
鯛焼き贈答用10個入り	1360円
だんご1串	各100円

※希望の数でみやげ可能

わかば

☎03(3351)4396

新宿区若葉1-10
JR四ツ谷駅から徒歩5分
営業時間　9～19時(祝日は～18時30分)
定休日　日曜
駐車場　なし
地方発送　不可

見てびっくり食べてたっぷりの五目肉まん

五十番の
中華まんじゅう

拡大地図 P164　広域地図 P229

具に工夫を凝らした中華まんじゅうが人気。キャベツの旨みと豚の肉汁が味を引き立てる肉まんのほか、豚の角煮を使ったトンポーロー肉まん、肉まんにチーズのかたまりを入れたチーズまん、具たっぷりの焼きそば肉まんなど22種類が店頭に並ぶ。辛党には辛味噌肉まんとピリ辛肉まん、甘党には大納言小豆とごま風味の上品な甘さのあんまんがおすすめだ。どれもみなやや大きめ。

ユニークなのは直径15センチほどもあるビッグな五目肉まん。えび、豚肉、竹の子、うずらの玉子、しいたけ、銀杏、マッシュルーム入りで、小食の人にはとても食べきれないほどの大きさだ。一方で貝柱まん、カレー肉まん、カスタードまんなどのミニまんもある。一日約３０００個を売る日もあり、そんな日は行列覚悟で。

　中華まんのほか、ちまき、春巻き、ギョーザなどの点

両手でないと持てないほど具もいろいろで楽しい中華まん

5つの味が楽しめるしゅうまい五兄弟

お品書き

中華まん1個	300円～
五目肉まん1個	500円
ミニまん1個	160円～
※いずれも希望の数でみやげ可能	
しゅうまい五兄弟10個入り	1500円

五十番

☎03(3260)0066
新宿区神楽坂3-2
JR・地下鉄飯田橋駅から徒歩5分
営業時間　9時30分～23時（日曜、祝日は～22時）
定休日　なし
駐車場　なし
地方発送　可能

明るく陽気な中国人スタッフ

心もみやげにできる。なかでも鹿児島の黒豚を使った特製しゅうまいのほか貝柱、えび、ポーク、かにの5種類のしゅうまいを各2個ずつセットにしたしゅうまい五兄弟が好評。2階は宴会も可能な中華レストランになっている。

お狩場餅は柔らかくて大ぶりの、餡入りみたらしだんご

天名家《あまなや》総本家の
お狩場餅

江戸時代、高円寺周辺は徳川家の狩場だった。あるとき三代将軍家光が鷹狩りに訪れた際、その帰りに高円寺境内でだんごを食べたという。

高円寺駅北側の高円寺庚申通り商店街の一角にある天名家総本家二代目当主の市川益夫さんは、その記録を見つけて再現に挑戦。誕生したのが、やや大きめの餡入りみたらしだんごのお狩場餅だ。醤油ダレの甘辛さとこし餡の風味が口の中で絶妙に混ざり合い、舌を楽しませてくれる。

天名家の創業は大正14年（1925）。今では暖簾分けした店が11軒の総本家にまで発展したが、そもそも先代は鉄道マンになるために三重県から上京したという。しかし、結婚後、奥さんが始めた菓子屋が大繁盛。その忙しさをはたで見ていた先代は鉄道会社を辞職して菓子屋ひと筋の道を選んだという。屋号は先代が、今は存在しない出身地の三

拡大地図 P165　広域地図 P225

徳川家光が食べたという江戸時代のだんごを再現

クリームをはさんだ桃園煎餅

品数を豊富に揃えた店内

お品書き

お狩場餅1串	130円
※希望の数でみやげ可能	
桃園煎餅1枚	110円
桃園煎餅9枚入り	1190円

天名家総本家

☎03（3337）4324

杉並区高円寺北3-25-25

JR高円寺駅から徒歩5分

営業時間　10～20時
定休日　水曜、第1・3木曜
駐車場　なし
地方発送　可能

お狩場餅を再現した市川益大さん

重県天名村にちなんで付けたもの。

お狩場餅のほか洋菓子や季節の和菓子も人気があり、洋菓子なら、ざっくりとした食感のクッキー、桃園煎餅がみやげに手頃。

薄い皮の中に大きめの栗と白餡がたっぷり入っている

ひと本 石田屋の
栗饅頭

拡大地図 P165　広域地図 ——

東武東上線上板橋駅の南側に広がる南口銀座商店街にある、ファンの多い和洋菓子の店。特に栗饅頭は行列ができるほどの人気商品で、一日最高1万8000個余りを売ったこともあるという。さすがにこの日は朝から晩まで栗饅頭のみを作っていたそうだ。

餡は厳選した白いんげん豆から作る白餡。丸ごと入れた栗もかなり大きめだ。一般的に栗饅頭は表面に卵黄を塗ってから焼くが、石田屋では焼いた後、表面に羊羹を付けて仕上げる。このアイデアは初代の石田孝吉さんが考え出したもの。薄い皮はしっとりしていて食べやすく、のどごしもいい。また、甘さもしつこくない。添加物は一切使用していないので、その日の早朝から作り、日持ちは4日間。

石田屋の創業は昭和25年。屋号の「ひと本」は、初代が修業した駒込にあった和菓子店の名の一本《いっぽん》をもらい

一つひとつ手作業で羊羹を付けていく

店内はいつも賑わっている

バターの風味がいいバターまんじゅう

「ひと本」に変えて付けたという。地元では石田屋の名で親しまれている。

皮にたっぷりのフレッシュバターを使い、表面にメレンゲを塗って焼いた黄身餡のバターまんじゅうや、黄身餡の代わりにクリームチーズを入れたチーズまんじゅうも秀逸。

しっとりと柔らかい皮に羊羹を付けて仕上げる栗饅頭

お品書き

栗饅頭1個	130円
栗饅頭10個入り	1450円
バターまんじゅう1個	90円
バターまんじゅう10個入り	1050円

※ともに45個入りまである

ひと本 石田屋

☎03(3933)3305

板橋区上板橋2-32-16

東武東上線上板橋駅から徒歩1分

営業時間　9時～17時30分

定休日　火曜

駐車場　3台

地方発送　不可

ケーキの表面に記された三角マークがデメルオリジナルのザッハトルテの象徴

デメルの
ザッハトルテ

ザッハトルテはオーストリアの宰相・メッテルニヒの屋敷に仕えたフランツ・ザッハが1832年に考案した、ウィーンを代表する銘菓だ。

チョコレート入りスポンジケーキの表面にアプリコットジャムを塗り、砂糖の結晶であるブラズールとチョコレートでコーティングして仕上げる。表面は硬く、生地はシャリッとした食感で、甘さはかなり強烈。ホイップクリームをたっぷりからませて食べると、ちょうどよい甘さになる。

オーストリアでデメルといえば、ウィーンの象徴とされる世界最高峰の洋菓子店。かの神聖ローマ帝国を統治したハプスブルク家の紋章をブランドマークにしている。その日本店であるこの店は原宿クエストビルの1階にある。店内を飾るシャンデリアや鏡、テーブル、イスなどはウィーンから取り寄せたもの。さほど広くないが、気品に満ちて

拡大地図 P166 広域地図 P235

強烈な甘さのザッハトルテはウィーンを代表する銘菓

豪華な内装で気品に満ちた店内

パッケージもかわいいソリッドチョコレート

いる。

喫茶コーナーも併設されており、ホイップクリームが添えられたザッハトルテ（500円）を味わいながら、しばしウィーンの雰囲気に酔える。

ネコの舌に似せたソリッドチョコレートも人気。

お品書き

ザッハトルテ3.5号サイズ	2000円
ザッハトルテ4号サイズ	3000円
ザッハトルテ5号サイズ	5000円
ザッハトルテ小6個入り	3500円
ソリッドチョコレート24枚入り	1500円

デメル

☎03（3478）1251
渋谷区神宮前1-13-12
JR原宿駅からすぐ
営業時間　12～20時
定休日　年末年始
駐車場　24台
地方発送　可能

ほどよい焼き加減でさくさくとした食感が特徴のアーモンドパイ

東京フロインドリーブの
アーモンドパイ

昭和52年に放映されたNHK朝の連続テレビ小説『風見鶏』は、パン屋を中心とした物語。その主人公、ブルック・マイヤーのモデルになったのが、ドイツ人のパン職人フロイン・ドリーブさんだ。名前をそのまま店名にしたフロインドリーブを大正13年（１９２４）、神戸の三宮で創業した。

姉妹店である東京フロインドリーブの開店は昭和45年。ご主人の福井貞夫さんはパン職人にあこがれ、大学を卒業した昭和37年から8年間神戸のフロインドリーブで修業した後、東京に戻り独立した。

みやげにはホールで買いたい

拡大地図 P166　広域地図 P242

ドイツの味が詰まったアーモンドパイ

店内にはたくさんのパンのほか焼き菓子やケーキなども並ぶ

パン作りのベテラン、ご主人の福井貞夫さん

ドイツコッペ

ドイツに昔から伝わる製法で焼くアーモンドパイは、スライスしたカリフォルニア産のアーモンドをたっぷりと使った福井さんの自信作。厚さは5ミリほどでさくさくと歯ざわりがよく、塩味のパイ生地にアーモンドの旨みがからまった独特の風味が素晴らしい。甘さも控えめだ。深夜の3時から仕込みを始め、焼き上がるのは11時頃。素材にもこだわり、特にバターは脂肪分、たんぱく質の量などを指定した特注品。保存料などの添加物は一切使用していない。

お品書き

アーモンドパイ1切れ	300円
アーモンドパイ小	1300円
アーモンドパイ大	2600円
ドイツコッペ1個	400円

東京フロインドリーブ

☎03（3473）2563

渋谷区広尾5-1-23

地下鉄広尾駅から徒歩3分

営業時間　9～19時（日曜、祝日は～18時）

定休日　水曜

駐車場　なし

地方発送　可能

肉厚の上質な豚肉を使った人気のヒレカツサンド

まい泉の
ヒレカツサンド

拡大地図 P166　広域地図 P234

とんかつ嫌いもとんかつ好きにしてしまうという、素材に徹底的にこだわったとんかつレストラン。肉は一枚ずつ手で下ごしらえをし、衣のパン粉は自家製を使い、まろやかな味を出すために数種類を調合した油でカラッと揚げる。とんかつの味をさらに引き立てるソースも野菜がベースの自家製だ。メニューは揚げたてのとんかつ料理をはじめ会席料理、そば、寿司などバリエーション豊か。そのほか、各種みやげも用意している。

みやげではヒレカツサンドの人気が一番。上質な豚肉はもちろん、サンドイッチ用に開発された特製ソース、指定したレシピをもとに焼かれたパンなど、すべてが贅沢だ。

また、ひと口サイズで食べやすいミニメンチかつバーガーもみやげにおすすめ。特に沖田黒豚ミニメンチかつバーガーは、鹿児島の沖田黒豚牧場から直送される

根強いファンも多い
素材にこだわったとんかつ

店はもと銭湯を改造した

ミニメンチかつバーガーのメンチは大きめ

最高級の六白黒豚を使った逸品だ。牧場オリジナルの良質な飼料を食べ、標高２２０メートルの草原に放し飼いで育てられた豚の肉は、よそのものとはひと味ちがう。店に隣接してみやげだけを売るテイクアウトコーナーもある。

お品書き

ヒレカツサンド3個入り ……………350円
ヒレカツサンド18個入り …………2100円
沖田黒豚ミニメンチかつバーガー1個 ‥150円
ミニメンチかつバーガー1個 ………100円
※ミニメンチかつバーガーはともに希望の数でみやげ可能

まい泉青山本店
☎03(3470)0071
渋谷区神宮前4-8-5
地下鉄表参道駅から徒歩5分
営業時間　11時～22時30分（併設する売店は8～20時）
定休日　なし
駐車場　20台
地方発送　不可

賑わうテイクアウトの売店

ドゥミセックは
かわいい小さな焼き菓子

一つひとつが宝石のようなドゥミセック12個入り

お品書き

ドゥミセック12個入り …………1000円
パートドフリュイ15個入り ……1500円

オーボンヴュータンの
ドゥミセック

拡大地図 P167　広域地図 P249

フランス菓子の名店。オーナーシェフの河田勝彦さんはフランスで約10年、幅広いジャンルの菓子を学び、パリの「ヒルトンホテル・ドゥ・パリ」でシェフ・パティシエを務めた菓子づくりの達人だ。

みやげに最適なドゥミセックはパイン、レーズン、オレンジ、松の実、くるみ、あんずなどフルーツと木の実それぞれの味が楽しめる、しっとりとした焼き菓子。贈答用のほか、結婚式の引き出物の利用も多い。濃縮されたフルーツエキスの後味がいいゼリーのパートドフリュイもギフトに手頃。

オーボンヴュータン
☎03(3703)8428
世田谷区等々力2-1-14
東急大井町線尾山台駅から徒歩4分
営業時間　9時～18時30分
定休日　水曜
駐車場　なし
地方発送　可能、一部不可

コラム7

岸朝子　思い出の味

ルコントの洋菓子

いまから40年ほど前、オリンピックが日本で開催されたころから料理や菓子の修業に、多くの若い人たちが海外に出かけていきました。戦前、私が育った時代は洋菓子といえばシュークリーム、ショートケーキ、パウンドケーキ、アップルパイくらいであったのが、ヨーロッパ、特にフランスで修業してきたケーキ職人、パティシエたちが多くのケーキをつくり始めました。また、ホテルオークラがオープンするとき、パティシエとしてフランスから招かれてきたアンドレ・ルコントさんは、オークラとの契約が切れたあとも日本に残り、多くの弟子を育てるなど日本の洋菓子界に大きな貢献をしました。私も料理コンクールの審査員を一緒に務めたことがありますが、特に忘れられないのはルコントの青山本店の客席に座って、何種類かのケーキを試食している姿です。客の立場で自分の店の味をチェックする、職人としての厳しい姿勢が強く印象に残っています。

ルコント青山本店（150頁）

姿も形も中華ちまきに似た八雲もち

ちもとの 八雲もち

一見、料亭のような外観で、店内も明かりを落とした風雅な雰囲気。

地名にちなんで名付けられた八雲もちは、先代が中華料理を食べているときに思いついたもの。蒸したもち米に黒砂糖と上白糖を混ぜ、それに泡立てた寒天と卵白を加えた柔らかな求肥《ぎゅうひ》餅で、食感はマシュマロのよう。口の中でふわっと溶けていく甘さが心地よい。餅の中には砕いたカシューナッツも入っていて、餅は一つひとつ竹の皮に包まれている。一日約６００個、多い日で１０００個ほどを作るが、すべて手作りなのでこれが限界だという。売り切れることもしばしばあり、特に年末は予約したほうがいい。

草だんご、三冬饅頭、千本饅頭などのほか、常時５種類の季節の生菓子も販売。店内には作りたての和菓子をお茶とともに味わえる喫茶コーナーもある。

餡はすべて北海道十勝産

拡大地図 P167 広域地図 P248

竹の皮に包まれた八雲もちはとろけるような柔らかさ

十勝産の小豆を使ったコクのある餡がおいしい草だんご（手前）ほか

の小豆を使用。小豆を煮る場合、一般的には煮汁を捨ててしまうが、この店では捨てずに蒸発させ、さらに水を足しながら2時間余り炊き上げるのが特徴。こうすることにより、餡にコクが生まれ色もより濃くなるという。

お品書き

八雲もち1個	150円
草だんご1串	130円
三冬饅頭1個	160円
千本饅頭1個	160円

※いずれも希望の数でみやげ可能

ちもと

☎03（3718）4643
目黒区八雲1-4-6
東急東横線都立大学駅から徒歩3分
営業時間　10～19時
定休日　木曜
駐車場　なし
地方発送　可能、一部不可

装飾や照明の使い方も雰囲気のある店内

縁結びのさくら道は、縁起のいい名前から祝いごとに人気

さか昭《あき》の
どら焼き

当主・坂昭彦さんの母方の実家にあたる三軒茶屋の伊勢屋菓子店で働いていた両親が平成元年、目黒区大橋にさか昭を開業。その13年後の平成14年1月、坂さんは独立し、現在地に店を構えた。開業は後だが、ここが和風創作菓子舗さか昭の本店。

やすらぎの和菓子を目指すさか昭の名物はどら焼き。大福豆の餡を黒糖入りの蒸しカステラで包んだ蒸しどら焼き、オーブンで焼いたカステラでコーヒー餡をサンドした珈琲どら焼きなど6種類ある。

なかでも縁結びのさくら道と名付けたどら焼きが好評だ。蒸したカステラにはさまれた餡は、3日間じっくり煮込んだ北海道産の大正金時豆。カステラの上には塩漬けの桜の花が2枚のり、見た目と味にアクセントを添えている。その名前から結婚式の引き出物や結納品などに好評。

レーズン入りのシナモン

拡大地図 P167　広域地図 P243

縁結びのさくら道など 創意工夫のあるどら焼きが人気

お茶、クルミ、ゴマ、うぐいす黄粉の４つの味がある中町だんご

餡を使ったスターファイブは、カリフォルニアレーズン協会の和菓子コンテストで特別賞を受賞したどら焼き。求肥《ぎゅうひ》に餡をからませた4種類の中町だんごも人気がある。人真似ではなく、創意工夫に富んだ和菓子作りが坂さんの信条だ。

お品書き

どら焼き各1個	180円
どら焼き10個入り	2000円
中町だんご各1串	130円

※いずれも希望の数でみやげ可能

さか昭

☎03(3716)2283

目黒区中町1-37-13

東急東横線学芸大学駅から徒歩10分

営業時間　9～19時

定休日　日曜

駐車場　なし

地方発送　可能

店を切り盛りする坂さんご夫婦

モンブランは今でも人気の高いケーキ

モンブランの
モンブラン

フランスとイタリアの国境にそびえる標高４８０７メートルのモンブランは、アルプス山脈の最高峰。その山容の美しさから、この山に憧れを抱く登山家は多い。店名は創業者の迫田千《ち》万《ま》億《お》さんが昭和の初めにシャモニーに旅行した際、この峰の美しさに魅了されたことに由来する。創業昭和8年、現オーナーは三代目だ。

店名と同じ名のモンブランは迫田さんが当時、シャモニーのホテルモンブランで味わったデザートを参考に、日本風にアレンジした歴史の長いケーキ。黄色いマロンクリームはアルプスの岩肌を、その上にのっているメレンゲは万年雪をイメージしている。クリームはほかにカスタード、生クリーム、バニラ風味のバタークリームが使われ、カステラの中には栗が入っている。今では他店も真似をするほどの人気商品に成長したが、もともとはこの店のオリジナルだ。

拡大地図 P167 広域地図 P248

誰もが知っているモンブランは
この店のオリジナルケーキ

6種類の味が楽しめるティーコンフェクト

昭和の中頃、二代目オーナーがスイスの菓子職人と一緒に作り出したティーコンフェクトは、フレッシュなバターと卵をふんだんに使ったクッキーで、レモン、ココア、ヘーゼルナッツ、アーモンドなど６種類のタイプがある。

お品書き

モンブラン1個 ・・・・・・・・・・・・・・・・・・・380円
ティーコンフェクト100g ・・・・・・・・560円
※ともに希望の数でみやげ可能

モンブラン

☎03(3723)1181
目黒区自由が丘1-29-3
東急東横線自由が丘駅から徒歩すぐ
営業時間　10〜20時
定休日　月1回火曜不定休
駐車場　なし
地方発送　可能、一部不可

売店の奥にはティールームがある

太巻きや伊達巻き、押し寿司をセットにした大阪寿司

醍醐《だいご》の 大阪寿司

江戸末期に深川で屋台の寿司屋から始め、その後、日本橋に店を構え、さらに銀座に移転。ご主人の守屋昭二さんは、醍醐がさらに田園調布に移った昭和11年、18歳で先代に弟子入りした。当時はまだ「見て覚えろ」の時代。弟子入りしてしばらく後、先代が腱鞘炎をおこし、手が動かなくなってしまった。数カ月の修業しかしていなかったが、急遽守屋さんが寿司を握ることになり、以後50年以上の歳月が流れた。

守屋さんが握るのは江戸前と大阪寿司。江戸前はネタが生、関西は塩で締める。シャリは酢を利かせるのが江戸前、大阪寿司はうまみ

清潔感あふれる店内

拡大地図 P167 広域地図 P248

店主自ら仕入れたネタを使い注文を受けてから作る

新鮮な鯖を酢でしめたさば棒すしも好評

を出すために甘みを強調している。みやげにできるのは大阪寿司のみ。太巻き、伊達巻き、穴子、ひらめなどを折に詰めた人気の寿司で、注文を受けてから、その場で作ってくれる。

ネタは毎朝、守屋さん自ら築地へ出向き、自分の目で確かめて仕入れてくる。車えび以外は断固として天然物でとおし、米は富山のコシヒカリを使用。鯖の半身を酢でしめたさば棒すしもお値打ちだ。本店のほか田園調布駅の駅舎にも、醍醐直営のテイクアウト専門の売店がある。

お品書き

大阪寿司	900円
さば棒すし	1800円

醍醐

☎03（3721）3490

大田区田園調布3-1-4
東急東横線田園調布駅から徒歩1分

営業時間　11～21時（駅舎の売店は8時30分～20時）
定休日　火曜（祝日の場合は翌日）。駅舎の売店も同じ
駐車場　2台
地方発送　不可

本芝えび、細こんぶ、あさりの3種類（右の皿）をセットにした折詰（左）

佃宝《つくほう》の
佃煮

佃煮は古くから伝わる江戸前の味。佃宝は〝とげぬき地蔵〟の愛称で知られる曹洞宗高岩寺のはす向かいにある。地蔵参詣帰りの手みやげに、多い日で１５００人、少ない日でも５００人もの客が佃煮を買っていく人気店だ。

素材は吟味した新鮮なものだけを使う。衛生管理の行き届いた近代的な設備とともに古くからの技術を応用して調理し、酒や醤油、みりんなど、すべて無添加の調味料を使って、風味豊かに仕上げる。だから、素材の持ち味が生きていて、香りも高い。その技を証明するのが、あさり、生あみ、はぜ、ちりめん小女子、三色こんぶの5種類の佃煮に付けられた〝ふるさと認証食品〟マークだ。これは各都道府県が自信をもって選定した優れた味と品質のよい食品に与えられる全国統一のマークで、通称〝Eマーク〟と呼ばれる。

佃宝の佃煮はすべて、社

拡大地図 P165　広域地図 P220

Eマークに認定された佃煮は
とげぬき地蔵の定番みやげ

佃煮は約50種類ある

笑顔がすてきな従業員のみなさん

長の水谷豊夫さんがその味を管理する。水谷さんは高校卒業と同時に某佃煮メーカーに入社。10年の修業を積み、昭和32年に独立した。佃煮づくりの技術功労が認められ、平成8年に農林水産大臣賞フードマイスター賞を受賞している。

お品書き

折詰2000円から1000円単位で1万円まで
貝づくし100ｇ ‥‥‥‥‥‥‥‥‥‥620円

佃宝

☎03（3910）9637
豊島区巣鴨3-18-18
JR巣鴨駅から徒歩5分
営業時間　9時30分～18時（日曜、祝日は9時～）
定休日　なし
駐車場　なし
地方発送　可能

3種類の貝を混ぜた貝づくし

ポルボローネスはスペインでは僧院でよく作られている

レピドールの
ポルボローネス

拡大地図 P167 広域地図 P248

　ポルボローネスは口に含むとすっと溶け、やがて味が徐々に広がる不思議な菓子。もともとはスペインの伝統的な焼き菓子ポルボロンが原形だ。スペインのものは舌ざわりがザラザラしているが、これを日本人の口に合うよう、なめらかな食感にアレンジしたのがオーナーの大島陽二さん。大島さんは神田の洋菓子店で修業に励んでいた際、この菓子と出会い、感激のあまりスペインのマドリードまで作り方を習いに行ったという。

　味はシナモン、ごま、抹茶の3種類。落雁に似た味わいだが、落雁よりもコクがあって甘さは控えめ、しかも柔らかいことからお年寄りにも好評。種々のスパイスが独特な風味をかもす、日本茶にも紅茶にも合う異国情緒豊かな菓子だ。

　もう一つ、オーナーが自信をもってすすめるのがウィークエンドオランジュ。刻んだバレンシアオレンジ

シックな内装の２階喫茶室

落雁に似たポルボローネスは不思議な食感の焼き菓子

ウィークエンドオランジュ

を生地に混ぜ、その上にスライスしたオレンジを数枚のせて焼いたパウンドケーキ。しっとりした生地とオレンジの濃厚な味が、口の中をさっぱりとさわやかにしてくれる。風格ある外観の店は、１階に売店、２階には喫茶室がある。

お品書き

ポルボローネス12袋入り	········950円
ポルボローネス24袋入り	········2150円
ウィークエンドオランジュ	······1800円

レピドール

☎03（3722）0141

大田区田園調布3-24-14

東急東横線田園調布駅から徒歩1分

営業時間　9〜20時

定休日　水曜

駐車場　10台

地方発送　可能

広々とした１階の売店

コーヒーや紅茶を飲みながら食べたいメルベイユ

ル クール ピューの
メルベイユ

ル クール ピューとは、フランス語で「純粋な気持ち」とか「混じり気のない心」という意味。

オーナーシェフの鈴木芳男さんはパリをはじめニース、アルビ、リヨンなどフランス各地で料理やお菓子づくりの経験を重ねた大ベテラン。銀座マキシム・ド・パリ、ウエスティンホテル東京、さらにはホテル日航東京のグランシェフとして腕を振るった後、平成14年に独立し、この店を開業した。その間、マンダリンナポレオンコンクール日本大会で2年連続優勝、カリフォルニアレーズンコンクールで優勝と、数々の賞を受賞している。

メルベイユは小麦粉・砂糖・油脂・卵などで作った生地の中に、ミックスフルーツを煮たもの、チョコレート、マンゴーを入れたものと、3つの種類がある焼き菓子。ほどよい甘さとふわっとした食感が楽しめる。

かぼちゃ、ほうれん草、

拡大地図 P165 広域地図 ——

数々の賞に輝いたシェフが作る
ひと口サイズの焼き菓子

売店の奥にはティールームがある

にんじん、トマトなどの野菜を使った、ラ サンブラージュ ドゥ シュークレ サレという長い名前の菓子が珍しい。普通の菓子の半分ほどしか糖分がない、健康にいい焼き菓子だ。

店頭には、ほかにもパンやケーキなどが並ぶ。

お品書き

メルベイユ18個入り…………3000円
メルベイユ24個入り…………3800円
ラサンブラージュドゥシュークレサレ
12個入り…………2500円

ル クール ピュー

☎03(5335)5351

杉並区荻窪5-16-20

JR・地下鉄荻窪駅から徒歩1分

営業時間　7時30分〜21時(土・日曜、祝日は9〜20時)
定休日　なし
駐車場　なし
地方発送　可能

オーナーシェフの鈴木芳男さん

好みのはちみつを木箱に詰めてもらえる

ラベイユの はちみつ

JR荻窪駅北口、青梅街道に面して建つみずほ銀行の角を北へ曲がると、狭い路地の両側に雑多な商店が軒を並べる教会通りに入る。ラベイユは、この通りの一角にあるはちみつ専門店。小ぢんまりした店内に所狭しと並ぶはちみつは、日本を含め世界8カ国、約80種類が揃う。はちみつはみな、二代目の白仁田雄二さんが自ら世界中を飛び回り、養蜂家から直接買い付けたものばかり。

創業は平成13年。もともとは愛媛県の弓削島《ゆげじま》で養蜂業を営んでいたが、昭和44年に東京に出てきてはちみ

ビニールでラッピングもしてくれる

拡大地図 P165　広域地図 ―――

テイスティングコーナーがある世界のはちみつが揃う専門店

たくさんのはちみつは、味見してから買おう

つ小売業の田頭養蜂場を設立した。この店は今でも、ラベイユの向かいに残っている。

　はちみつはビフィズス菌を育て腸を活性化する働きがあるほか、のどにもいい。ラベイユの馴染客には有名な歌手も多い。また、はちみつに含まれているミュータント菌が虫歯菌を抑制するため、虫歯予防にも効果があるという。店内には、すべてのはちみつの味見ができるテイスティングコーナーが設けられ、好みの味が探せる。18種類は量り売りもしてくれる。

お品書き

はちみつ1瓶125ｇ入り	580円～
はちみつ1瓶250ｇ入り	900円～
はちみつ1瓶500ｇ入り	1350円～
はちみつ1瓶1kg入り	2300円～

ラベイユ荻窪本店

☎03(3398)1778

杉並区天沼3-6-23

JR・地下鉄荻窪駅から徒歩3分

営業時間　10～19時（金曜は～日没）

定休日　土曜

駐車場　なし

地方発送　可能

上品な焼き菓子は手みやげに最適

パリ・セヴェイユの フランス菓子

近年、ケーキショップのオープンが相次ぐ自由が丘は、スイーツの激戦区。しかも、どの店もレベルが高く、ケーキ好きにとっては東京でもっとも注目すべきエリアだ。2003年6月にオープンしたパリ・セヴェイユは、シェフの金子美明さんが、パリの街角にある店をイメージして生まれた。滞在3年半の経験を生かして、パリの味と香りを伝えるケーキや焼き菓子、フルーツゼリー、ジャム、パンなどを作っている。

ケーキは常時20~25種類。デザインはシンプルながら洗練されており、ムースや

クロワッサンはパリ風の食べごたえ

拡大地図 P167 広域地図 P248

クリームを何種類も使い分けるなど、熟練の職人ならではのこまやかな仕事ぶりを舌で堪能できる。「シェフが作りたいものだけを作る」のがポリシーで、パリでは一般的なチョコレートを使ったケーキが多い。

チョコレートの味わいを生かしたケーキが多い

遠方への手みやげなら、種類が豊富な焼き菓子やクッキー類がおすすめ。マドレーヌはしっとりとした味わいがよく、ココナッツの薄焼きクッキーのチュイルココは、軽い歯ざわりが持ち味だ。パンにも定評があり、なかでもクロワッサンは人気が高い。何層にも重なった生地のサクサクした食感と、上品でコクのあるバターとのバランスが素晴らしい。ケーキは11時頃、パンは13時過ぎなら、ひととおりの商品が揃う。

大きな窓から明るい陽光がふりそそぐ店は自由が丘の駅にほど近く、店の半分がカフェとして営業していることもあり、ショッピングの合間にケーキとコーヒーでくつろぐ人も多い。

パリ仕込みのシェフが作る洗練された味のケーキやパン

お茶とケーキでゆったり過ごせる

お品書き

ケーキ	250〜480円
焼き菓子	180〜300円
クロワッサン	160円
ジャム	900円

パリ・セヴェイユ

☎03(5731)3230

目黒区自由が丘2-14-5

東急東横線自由が丘駅から徒歩3分

営業時間　10〜20時

定休日　木曜

駐車場　なし

地方発送　不可

拡大地図 P167　広域地図 P248

自由が丘 スイーツフォレストの スイーツ

ケーキや甘味を 心ゆくまで楽しむ スイーツのフードテーマパーク

平成15年11月にお菓子の激戦区、自由が丘にオープンしたスイーツのフードテーマパークが、自由が丘スイーツフォレスト。スーパーパティシエと呼ばれる人気の菓子職人の作りたてのケーキやアイスクリームが味わえる「スイーツの森」と、製菓用グッズのショップやカフェなどショップで構成する「スイーツセレクト」の２つのゾーンからなり、お菓子の殿堂として話題を呼んでいる。

フレンチ出身シェフのセンスが光る「Q.E.D.パティスリー」のスイーツ（右上・右下）。「くりーむはうす」（左上・左下）は札幌で評判のジェラート専門店

スイーツの森

メルヘンの世界のように飾り付けられたフロアには、選りすぐりの菓子職人の店が8店並んでいる。日本を代表する有名シェフ13人が期間限定で交代で出店する「パティシエステージ」が2店、新進気鋭のパティシエの意欲的なメニューや、スーパーパティシエのメニュー、季節の食材をテーマにしたメニューを販売する「パティシエ・ショーレビュー」が1店。ほかにケーキから和風甘味、アイスクリームなどまでバラエティ豊かなショップが5店あり、どの店も個性的で、それぞれの味を試してみたくなる。

「パティシエステージ」に登場するのは、30年以上にわたりヨーロッパ風の本格的なケーキが多くのファンに親しまれてきた「成城・マルメゾン」の大山栄蔵シェフ、クレームブリュレやクレームアンジュのブームを作った「麹町・パティシエ・シマ」の島田進シェフ、人気テレビ番組で三連覇

入場料は無料。ケーキ代だけでゆっくりと楽しめる。有名シェフの味を食べ比べたり、グループで分けあって食べるのがおすすめ。デパ地下で大人気の「シリアルマミー」のお菓子（右）も味わえる

「マルメゾン」の大山栄蔵シェフのケーキ（上）をはじめ、スーパーパティシエのケーキをその場で楽しめるのが魅力

甘味喫茶のメニューを現代流にアレンジした「ネオシティングルーム」（左）、繊細な味わいのスフレが楽しめる「ル・スフレ」（右）

を達成したケーキ職人チャンピオンの「習志野・ル　パティシエ　ヨコヤマ」の横山知之シェフ、コンクール・マンダリン・ナポレオン・インターナショナルで日本人で初優勝した「横浜・デフェール」の安食雄二シェフとそうそうたる顔ぶれ。それぞれの店では予約が必要だったり、早めに売り切れたりするケーキがここでは気軽に味わえるのが魅力だ。

　このほか、常設店舗では、日本唯一のスフレ専門店として西麻布で人気の「ル・スフレ」、デパ地下（デパート地下食品売場）で超がつくほどの人気を集める創作洋菓子「シリアルマミー」、和風甘味を現代風にアレンジした「ネオシティングルーム」、札幌のジェラート専門店「くりーむはうす」、フレンチの名店のデザートを担当した板橋恒久シェフの繊細なデザートが味わえる「Q.E.D.パティスリー」など、多彩なスイーツの世界を目と舌で楽しむことができる。

ケーキを食べて自分でも作りたくなったときの強い味方がスイーツセレクトの「クオカショップ自由が丘」（左）。「オリジンーヌ・カカオ」（下）では繊細なチョコレートが買える

スイーツセレクト

スイーツフォレストの東側、1〜3階を占めるスイーツセレクトはショップやカフェレストランからなるゾーン。1階の「クオカショップ自由が丘」にはお菓子作りに欠かせない道具や材料がずらりと並ぶ。なかでもチョコレートセラーには世界中のパティシエが愛用するチョコレートメーカー8社の合わせて38種類のチョコレートが並び、これを使えばプロ並みのチョコレート菓子を作ることができる。2階にはパンとスイーツを楽しめるパン教室&カフェレストランの「スプーンブレッド」、日本のショコラティエ（チョコレート専門パティシエ）を代表する川口行彦シェフのチョコレートショップ「オリジンーヌ・カカオ」、3階にはイタリアンとスイーツのカフェ「プラチノ自由が丘テラス」がある。

自由が丘スイーツフォレスト

☎03（5731）6600

目黒区緑ヶ丘2-25-7 ラ・クール自由が丘1〜3F

東急東横線自由が丘駅南口から徒歩5分

営業時間　スイーツの森10〜20時、スイーツセレクト10〜20時（クオカショップ自由が丘）、11〜23時（スプーンブレッド）、10〜23時（プラチノ自由が丘テラス）、10時30分〜19時30分（オリジンーヌ・カカオ）

入館料 無料／**定休日** 無休／**駐車場** なし／**地方発送** 不可

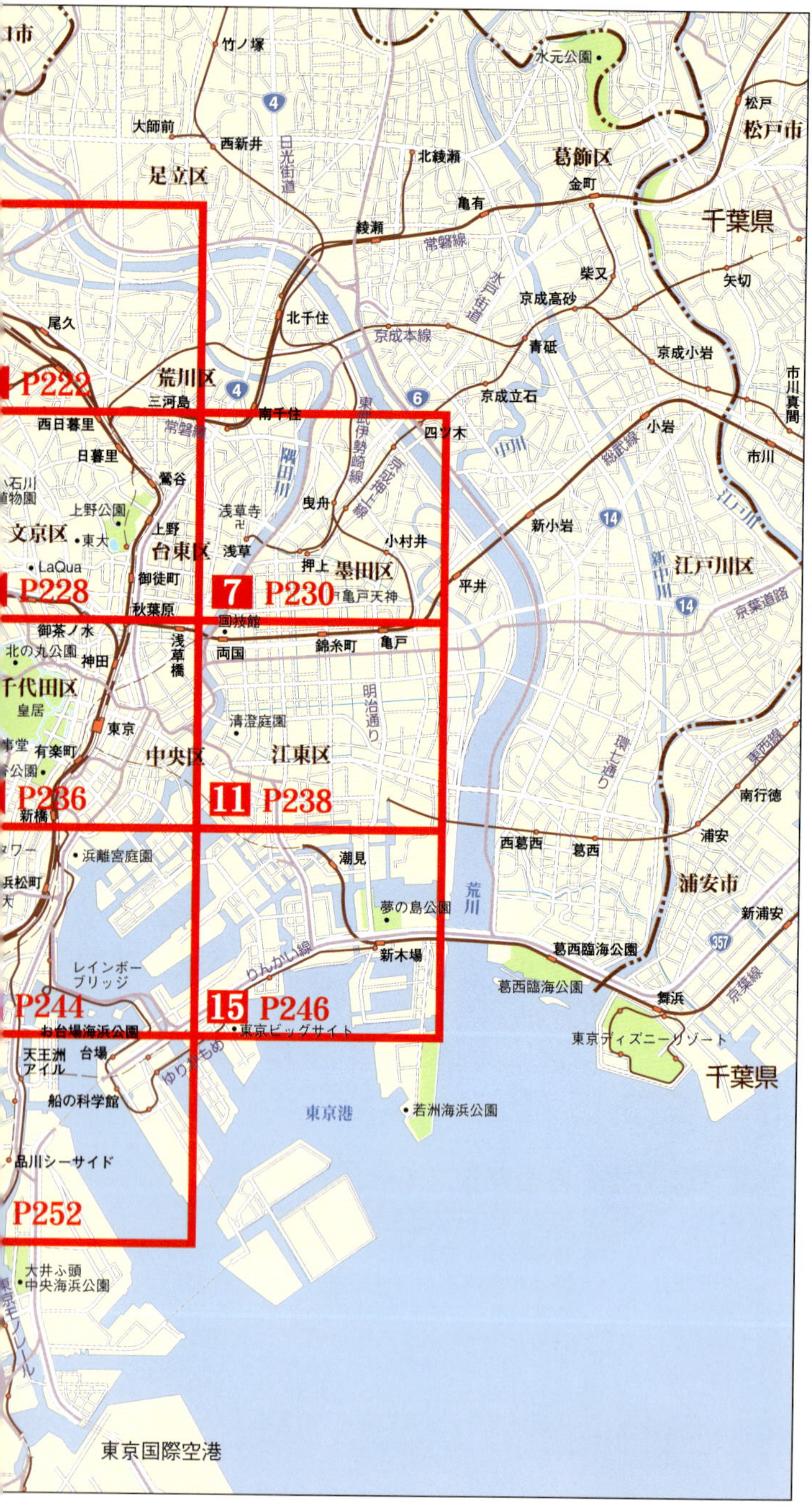

1：140,000　0　5km

地図の方位は真北です

広域図索引

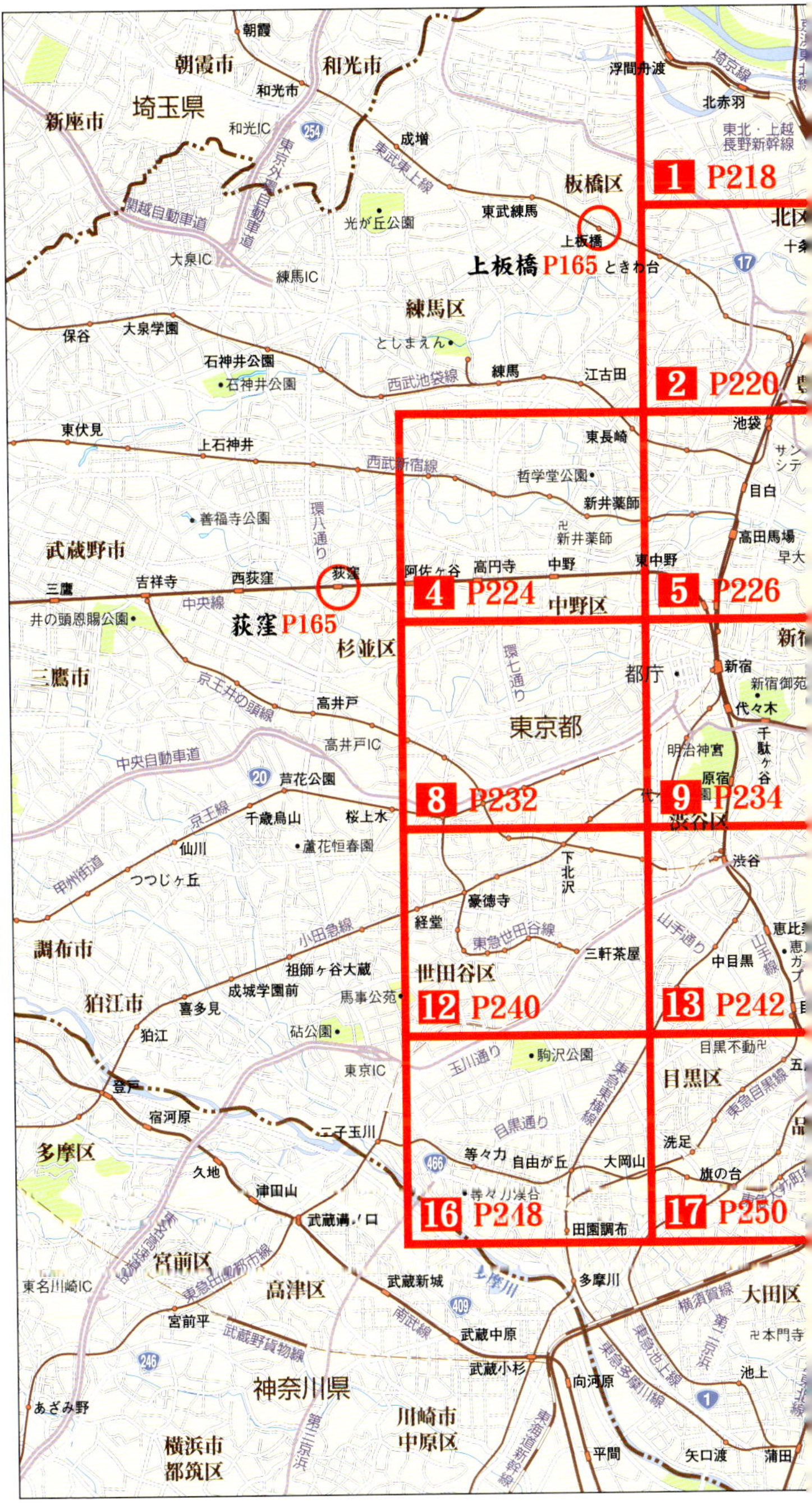
朝霞
朝霞市
和光市
和光市
埼玉県
新座市
和光IC
254
東京外環自動車道
関越自動車道
成増
東武東上線
板橋区
東武練馬
光が丘公園
上板橋
上板橋 P165
ときわ台
大泉IC
練馬IC
練馬区
浮間舟渡
埼京線
北赤羽
東北・上越長野新幹線
1 P218
北区
十条
17
保谷
大泉学園
としまえん
石神井公園
石神井公園
西武池袋線
練馬
江古田
2 P220
池袋
東伏見
上石神井
西武新宿線
東長崎
哲学堂公園
新井薬師
新井薬師
サンシティ
目白
高田馬場
早大
善福寺公園
環八通り
武蔵野市
三鷹
吉祥寺
西荻窪
荻窪
阿佐ヶ谷
高円寺
中野
東中野
4 P224
中野区
5 P226
中央線
井の頭恩賜公園
荻窪 P165
杉並区
新宿
三鷹市
京王井の頭線
環七通り
都庁
新宿
新宿御苑
代々木
高井戸
東京都
明治神宮
千駄ヶ谷
高井戸IC
中央自動車道
20
芦花公園
8 P232
原宿
9 P234
京王線
千歳烏山
桜上水
渋谷区
仙川
蘆花恒春園
甲州街道
下北沢
渋谷
つつじヶ丘
豪徳寺
経堂
小田急線
東急世田谷線
山手通り
恵比寿
調布市
三軒茶屋
祖師ヶ谷大蔵
中目黒
山手線
世田谷区
成城学園前
馬事公苑
狛江市
喜多見
12 P240
13 P242
狛江
砧公園
目黒不動
東京IC
玉川通り
駒沢公園
東急東横線
目黒区
東急目黒線
登戸
宿河原
目黒通り
二子玉川
洗足
多摩区
等々力
自由が丘
大岡山
466
久地
旗の台
等々力渓谷
津田山
16 P248
17 P250
武蔵溝ノ口
田園調布
宮前区
東急田園都市線
多摩川
多摩川
東名川崎IC
高津区
武蔵新城
409
横須賀線
大田区
南武線
本門寺
宮前平
武蔵中原
武蔵野貨物線
武蔵小杉
246
向河原
東急池上線
東急多摩川線
第二京浜
池上
1
神奈川県
第三京浜
東海道新幹線
あざみ野
川崎市
中原区
横浜市
都筑区
平間
矢口渡
蒲田

東京鉄道路線図

鳩ヶ谷
草加
竹ノ塚
西新井
梅島
五反野
松戸
川口
川口元郷
埼玉高速鉄道
赤羽
赤羽岩淵
志茂
荒川遊園地前
荒川車庫前
梶原
栄町
小台
宮ノ前
熊野前
東尾久三丁目
町屋二丁目
町屋駅前
町屋
地下鉄千代田線
北千住
小菅
王子神谷
王子
王子駅前
東北・上越・長野新幹線
新三河島
荒川七丁目
荒川二丁目
荒川区役所前
荒川一中前
三ノ輪橋
千住大橋
常磐線
牛田
飛鳥山
西ヶ原
上中里
尾久
宇都宮線・高崎線
三河島
南千住
京成関屋
駒込
巣鴨
田端
西日暮里
日暮里
三ノ輪
堀切
堀切菖蒲園
京成本線
お花茶屋
鐘ヶ淵
東武伊勢崎線
東向島
青砥
京成立石
四ツ木
八広
京成曳舟
京成押上線
千石
本駒込
千駄木
入谷
曳舟
京成船橋
白山
東大前
根津
鶯谷
京成上野
業平橋
浅草
押上
小村井
東あずま
東武亀戸線
上野
新御徒町
稲荷町
田原町
本所吾妻橋
地下鉄南北線
春日
地下鉄大江戸線
御茶ノ水
上野広小路
上野御徒町
御徒町
仲御徒町
蔵前
亀戸水神
後楽園
湯島
末広町
市川
本郷三丁目
秋葉原
浅草橋
総武線
亀戸
水道橋
飯田橋
新御茶ノ水
小川町
淡路町
岩本町
馬喰町
小伝馬町
東日本橋
総武線快速
両国
錦糸町
馬喰横山
浜町
森下
菊川
住吉
西大島
大島
本八幡
神保町
九段下
新日本橋
人形町
竹橋
大手町
神田
三越前
清澄白河
木場
東陽町
南砂町
浦安
水天宮前
地下鉄三田線
日本橋
半蔵門
二重橋前
京橋
宝町
茅場町
門前仲町
越中島
潮見
新木場
桜田門
東京
京葉線
八丁堀
新富町
銀座一丁目
月島
豊洲
辰巳
西船橋
国会議事堂前
霞ヶ関
有楽町
築地
勝どき
東雲
溜池山王
日比谷
銀座
東銀座
築地市場
虎ノ門
神谷町
内幸町
御成門
芝公園
大門
新橋
国際展示場
りんかい線
有明
三田
浜松町
東京テレポート
国際展示場正門
田町
汐留
竹芝
青海
日の出
芝浦ふ頭
東海道線
東京モノレール
ゆりかもめ
お台場海浜公園
台場
船の科学館
テレコムセンター
天王洲アイル
東京湾
大井競馬場前
路線の凡例
新幹線
JR線
私鉄線
地下鉄銀座線
地下鉄丸ノ内線
地下鉄千代田線
地下鉄有楽町線
地下鉄浅草線
地下鉄新宿線
地下鉄東西線
地下鉄日比谷線
地下鉄半蔵門線
地下鉄三田線
地下鉄南北線
地下鉄大江戸線

東京鉄道路線図

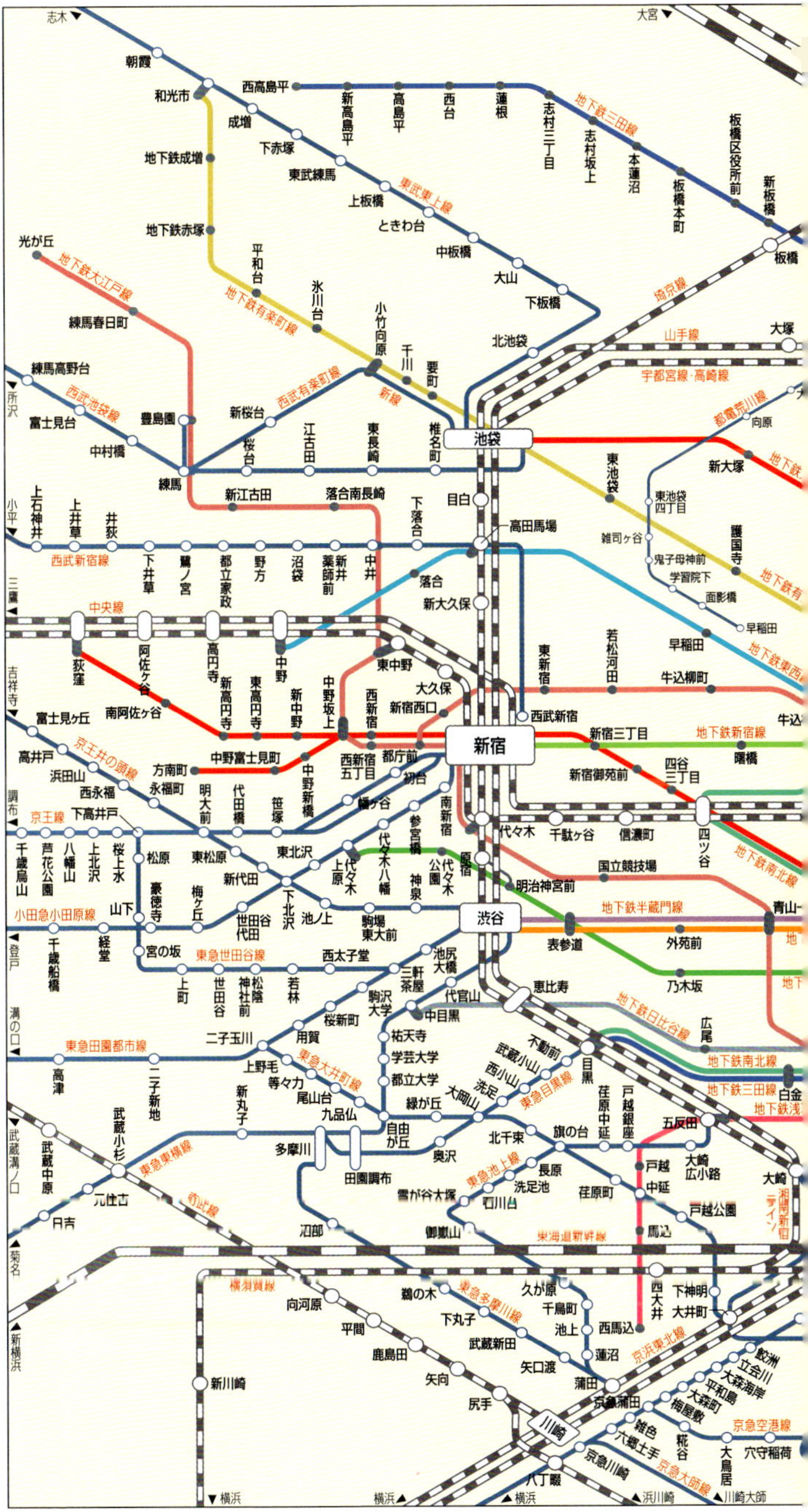

志木▼
大宮▼
朝霞
和光市
西高島平
新高島平
高島平
西台
蓮根
志村三丁目
志村坂上
地下鉄三田線
本蓮沼
板橋本町
板橋区役所前
新板橋
成増
下赤塚
地下鉄成増
東武練馬
上板橋
東武東上線
ときわ台
地下鉄赤塚
中板橋
光が丘
平和台
大山
地下鉄大江戸線
氷川台
下板橋
板橋
埼京線
練馬春日町
地下鉄有楽町線
小竹向原
千川
要町
北池袋
山手線
大塚
練馬高野台
西武有楽町線
宇都宮線・高崎線
▼所沢
西武池袋線
新線
豊島園
新桜台
都電荒川線
向原
富士見台
池袋
江古田
東長崎
椎名町
桜台
中村橋
東池袋
新大塚
練馬
東池袋四丁目
新江古田
落合南長崎
目白
上石神井
上井草
井荻
下落合
小平▼
高田馬場
雑司ヶ谷
護国寺
鬼子母神前
西武新宿線
下井草
鷺ノ宮
都立家政
野方
沼袋
新井薬師前
中井
落合
学習院下
面影橋
三鷹◀
新大久保
早稲田
中央線
荻窪
阿佐ヶ谷
高円寺
中野
東中野
東新宿
若松河田
早稲田
新高円寺
東高円寺
新中野
中野坂上
西新宿
大久保
牛込柳町
吉祥寺▼
富士見ヶ丘
南阿佐ヶ谷
新宿西口
西武新宿
新宿
新宿三丁目
地下鉄新宿線
高井戸
京王井の頭線
中野富士見町
西新宿五丁目
都庁前
曙橋
浜田山
方南町
四谷三丁目
新宿御苑前
西永福
永福町
明大前
代田橋
笹塚
中野新橋
初台
幡ヶ谷
調布◀
京王線
下高井戸
南新宿
参宮橋
代々木
千駄ヶ谷
信濃町
四ツ谷
千歳烏山
芦花公園
八幡山
上北沢
桜上水
松原
東松原
新代田
東北沢
代々木上原
代々木八幡
代々木公園
原宿
明治神宮前
国立競技場
地下鉄南北線
小田急小田原線
山下
豪徳寺
梅ヶ丘
世田谷代田
下北沢
池ノ上
駒場東大前
神泉
渋谷
地下鉄半蔵門線
表参道
外苑前
◀登戸
千歳船橋
経堂
宮の坂
東急世田谷線
西太子堂
池尻大橋
乃木坂
三軒茶屋
上町
世田谷
松陰神社前
若林
恵比寿
駒沢大学
代官山
地下鉄日比谷線
広尾
溝の口◀
桜新町
中目黒
祐天寺
不動前
武蔵小山
用賀
二子玉川
学芸大学
西小山
東急田園都市線
高津
二子新地
上野毛
等々力
都立大学
洗足
目黒
地下鉄南北線
地下鉄三田線
東急大井町線
尾山台
緑が丘
大岡山
東急目黒線
荏原中延
戸越銀座
新丸子
九品仏
自由が丘
五反田
▼武蔵溝ノ口
武蔵小杉
多摩川
北千束
旗の台
武蔵中原
東急東横線
奥沢
戸越
大崎広小路
中延
大崎
田園調布
東急池上線
長原
洗足池
荏原町
湘南新宿ライン
元住吉
南武線
雪が谷大塚
石川台
戸越公園
日吉
沼部
御嶽山
東海道新幹線
馬込
菊名
横須賀線
西大井
下神明
大井町
向河原
鵜の木
久が原
東急多摩川線
千鳥町
下丸子
新横浜
平間
池上
西馬込
武蔵新田
鹿島田
蓮沼
京浜東北線
鮫洲
立会川
大森海岸
平和島
大森町
梅屋敷
矢口渡
新川崎
矢向
蒲田
京急蒲田
尻手
川崎
京急空港線
雑色
六郷土手
糀谷
大鳥居
穴守稲荷
京急川崎
京急大師線
八丁畷
▼横浜
横浜▲
▲横浜
▲浜川崎
▲川崎大師

川口駅
そごう
リリア
本町大通り
ダイエー
川口元郷駅
川口市
本町ロータリー
エルザタワー
アップル
シティー
宇都宮線・高崎線
京浜東北線
荒川大橋
運動公園
舟戸公園
岩槻街道
川口パブリック
ゴルフ場
新荒川大橋
荒川
埼玉高速鉄道
新河岸川
赤羽
赤羽岩淵駅
北本通り
ダイエー
志茂駅
赤羽駅
ビビオ
イトーヨーカドー
赤羽公園
北清掃工場
北運動公園
隅田川
自然観察公園
北区
南北線
稲付公園
清水坂公園
埼京線
環七通り

1：22,500

0 500m

地図の方位は真北です

戸田市
菖蒲川
環状線
浮間ゴルフ
赤羽ゴルフ場
浮間公園
中山道
浮間舟渡駅
埼京線
東北・上越新幹線
浮間五
北赤羽
志村坂下
新河岸川
志村三
竜福寺
桐ヶ丘中央公
環八通り
小豆沢スポーツガーデン
小豆沢公園
小豆沢通り
志村三丁目駅
善徳寺前
志村坂上駅
板橋区
凸版印刷
見次公園
志村警察署前
首都高速
都営三田線
中山道
イズミヤ
前野中央通り
長徳寺
前野公園
国立西が丘競技場
本蓮沼駅

清水坂公園
環七通り
埼京線
東十条駅
草月
東十条
P55
南北線
王子神谷駅
十条駅
北区
京浜東北線・宇都宮線・高崎線
東北・上越新幹線
附属病院
帝京大
名主の滝公園
板橋加賀二
陸上自衛隊
十条駐屯地
東京家政大
東板橋公園
東板橋体育館
中央公園
王子神社
北区役所
滝野川四
音無橋
滝野川病院前
新板橋駅
南板橋公園
首都高速
滝野川一丁目
滝野川二
板橋駅
下板橋駅
西巣鴨
西巣鴨駅
西ヶ原四丁目
南谷端公園
大正大
新庚申塚
北池袋駅
庚申塚
都営三田線
白山通り
豊島市場
染井霊園
上池袋
都電荒川線
ガン研附属病院
明治通り
北大塚三
巣鴨新田
清掃工場
空蝉橋下
佃宝
巣鴨
P165
山手線

1：22,500
0 500m
地図の方位は真北です

2 板橋・十条

本蓮沼駅
国立西が原
首都高速
泉町
前野中央通り
中山道
富士見街道
板橋本町駅
ときわ通り
ときわ台駅
氷川神社
智清寺
石神井川
中板橋駅
板橋中央陸橋
板橋区
環七通り
川越街道
豊島病院
仲宿
養育院
板橋区役
板橋区
文化会館
日大板橋病院
日大
大山西町
大山駅
東武東上線
板橋交通公園
大山金井町
熊野町
要町三
千川駅
マルエツ
要町通り
有楽町線
山手通り
千早公園
要町駅
祥雲寺
要町一
豊島区

興本センター前
北宮城町公園
扇中央公園
扇東公園
本木新道
尾竹橋通り
足立区
性翁寺
尾久橋通り
吉祥院
扇南公園
光輪寺
江北橋緑地
扇大橋北詰
首都高速
緑地
扇大橋
荒川
扇大橋南
尾竹橋公園
尾久橋
隅田川
尾竹橋
区民運動場
マルエツ
尾久の原公園
八幡神社
都立保健科学大
町屋図書館
町屋六
前
熊野前
荒木田
上智厚生病院
尾竹橋通り
荒川区
東尾久三丁目
満光寺
町屋一
町屋二丁目
新町三
尾久橋通り
町屋駅前
町屋駅
荒川七丁目
都電荒川線
荒川自然公園
田端新町一
荒川二丁目
荒川区役所
荒川区役所前
新三河島駅
宮地
明治通り
京成本線
荒川公園
サンパール荒川
千代田線
三河島駅
常磐線
里駅
西日暮里五

1：22,500

0　500m

地図の方位は真北です

3 王子・田端

隅田川
王子神谷駅
豊島五
サミット
消防署前
江
北区
宮城
首都高速
南宮城公園
王子三
小台下水処理場
豊島二
北本通り
隅田川
小台公園
溝田橋
JT
北とぴあ
印刷局王子工場
王子駅
東京書籍
あらか
王子駅前
サンスクエア
王子駅
飛鳥山公園
栄町
都電荒川線
飛鳥山
梶原
荒川車庫前
荒川遊園地前
梶原
飛鳥山
宇都宮線・高崎線
印刷局滝野川工場
一里塚
尾久駅
明治通り
東北・上越新幹線
上中里駅
西ヶ原駅
本郷通り
滝野川体育館
西尾
西ヶ原三
滝野川会館
京浜東北線
西ヶ原公園
西ヶ原
旧古河庭園
田端高台通り
南北線
霜降橋
西中里公園
豊島区
染井霊園
女子栄養大
大龍寺
アスカタワー
駒込駅
中里
東中里公園
染井通り
八幡神社
巣鴨 P165
山手線
駒込東公園
土佐屋
白山通り
巣鴨駅
都営三田線
駒込・田端 P54,55
不忍通り
六義園
本駒込図書館
文京区

新江古田駅
豊島区
豊中通り
江原三西
都営大江戸線
目白通り
西武池袋線
東急ストア
東長崎駅
北江古田公園
江古田川
南長崎六
江原公園
玉南一東
西椎名町公園
慈生会病院
武蔵野療園病院
中野江古田病院
江古田三
西落合北公園
水の塔公園
新青梅街道
袋
江古田公園
蓮華寺下
落合南長崎駅
西落合一
哲学堂公園
妙正寺川公園
妙正寺川
沼袋駅
西落合公園
新宿区
哲学堂通り
卍
光徳院
の森公園
目白大
北野神社
新井薬師前駅
西武新宿線
理場
新井薬師公園
落合公園
新井五差路
新井薬師
上高田本通り
妙正寺川
野区
卍 功運寺
中野通り
上高田二公園
上高田一
新井
中野五
落合駅
中野ブロードウェイ
早稲田通り
竜興寺 卍
育館
東急ストア
打越公園
東
中野サンプラザ
公園
東西線
東中野駅
野区役所
中野駅
中央線
東中野駅
丸井
なかのZERO文化センター
勤労福祉会館
紅葉山公園
山手通り
都営大江戸線
谷戸運動公園
中野五差路
中野総合病院
紅葉山公園下
大久保通り
中央公園
中野通り
宮下
中央西公園
宝仙寺 卍
中野坂上駅

1：22,500　0　500m　地図の方位は真北です

南蔵院前
中村児童館
南蔵院
南蔵院通り
練馬区
学田公園
豊中公園
上鷺東公園
氷川神社
中村南一
新青梅街道
鷺宮四
都立家政
中杉通り
新青梅街道
丸山陸橋
鷺宮体育館
鷺ノ宮駅
福蔵院
都立家政駅
西武新宿線
環七通り
野方駅
妙正寺川
大和公園
大和町中央通り
八幡神社
早稲田通り
蓮華寺
大和町三
大和陸橋
早稲田
阿佐谷北四南
馬橋公園
高円寺
P165
阿佐谷教会
中杉通り
天名屋総本家
神明宮
世尊院
河北総合病院
東急
ストア
西友
けやき公園
中央線
高円寺駅
阿佐ヶ谷駅
長仙寺
高円寺
中杉通り
杉並区
高円寺南四
高円寺南五
桃園川
青梅街道
高円寺図書館
杉並区役所
新高円寺通り
環七通り
高円寺体育館
南阿佐ヶ谷駅
丸ノ内線
高円寺陸橋下

1：22,500

0　500m

地図の方位は真北です

5 池袋・高田馬場

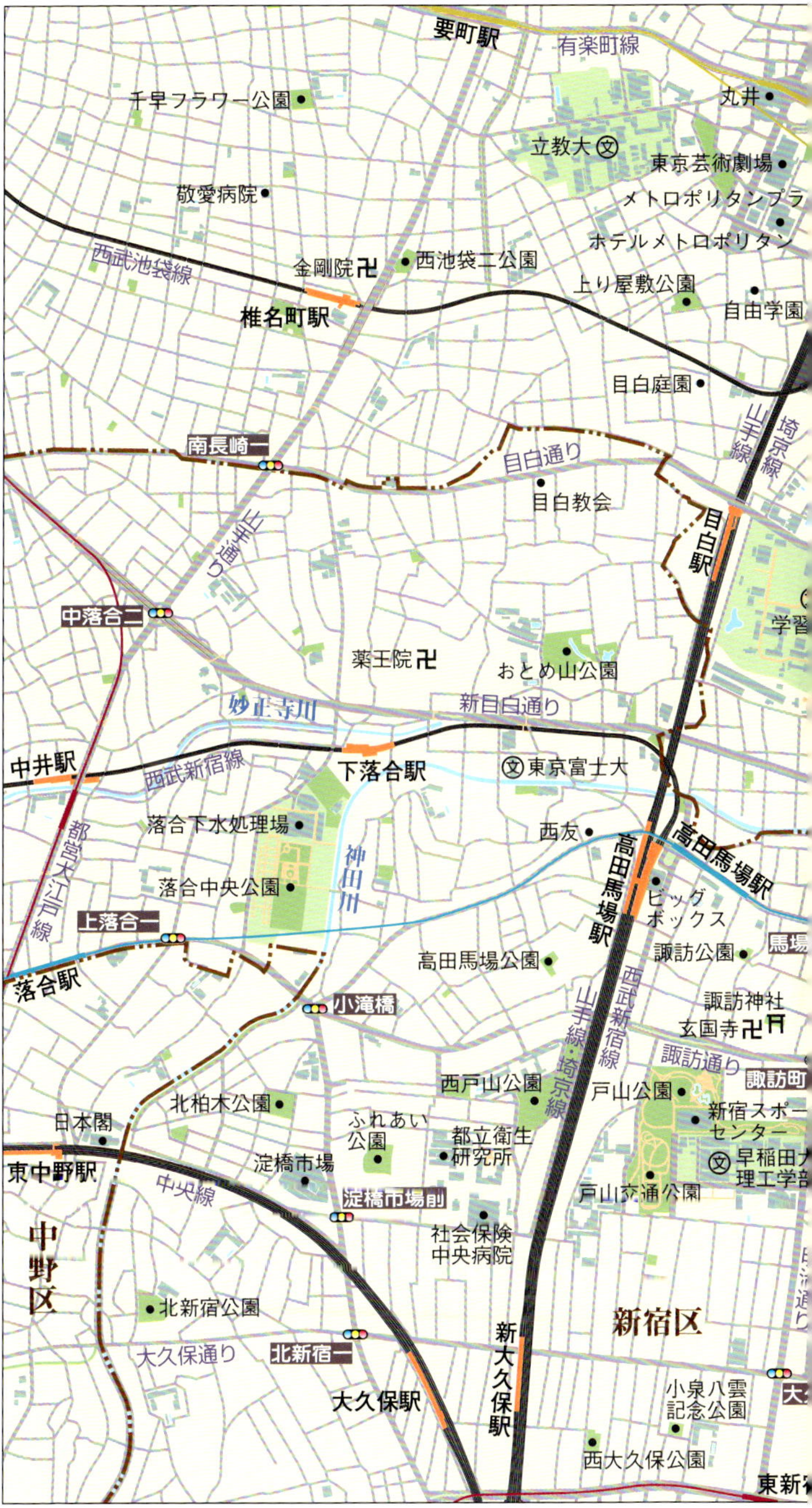

要町駅
有楽町線
千早フラワー公園
丸井
立教大
東京芸術劇場
メトロポリタンプラ
敬愛病院
ホテルメトロポリタン
西武池袋線
金剛院
西池袋二公園
上り屋敷公園
自由学園
椎名町駅
目白庭園
山手線
埼京線
南長崎一
目白通り
目白教会
山手通り
目白駅
中落合二
学習
薬王院
おとめ山公園
妙正寺川
新目白通り
中井駅
西武新宿線
下落合駅
東京富士大
落合下水処理場
西友
高田馬場駅
都営大江戸線
神田川
落合中央公園
高田馬場駅
ビッグボックス
上落合一
馬場
高田馬場公園
諏訪公園
落合駅
西武新宿線
小滝橋
諏訪神社
玄国寺
山手線・埼京線
諏訪通り
諏訪町
西戸山公園
戸山公園
北柏木公園
新宿スポーツセンター
ふれあい公園
日本閣
都立衛生研究所
早稲田大理工学部
淀橋市場
東中野駅
中央線
戸山交通公園
淀橋市場前
社会保険中央病院
中野区
北新宿公園
新宿区
新大久保駅
大久保通り
北新宿一
小泉八雲記念公園
大久保駅
西大久保公園
東新宿

1：22,500

0　500m

地図の方位は真北です

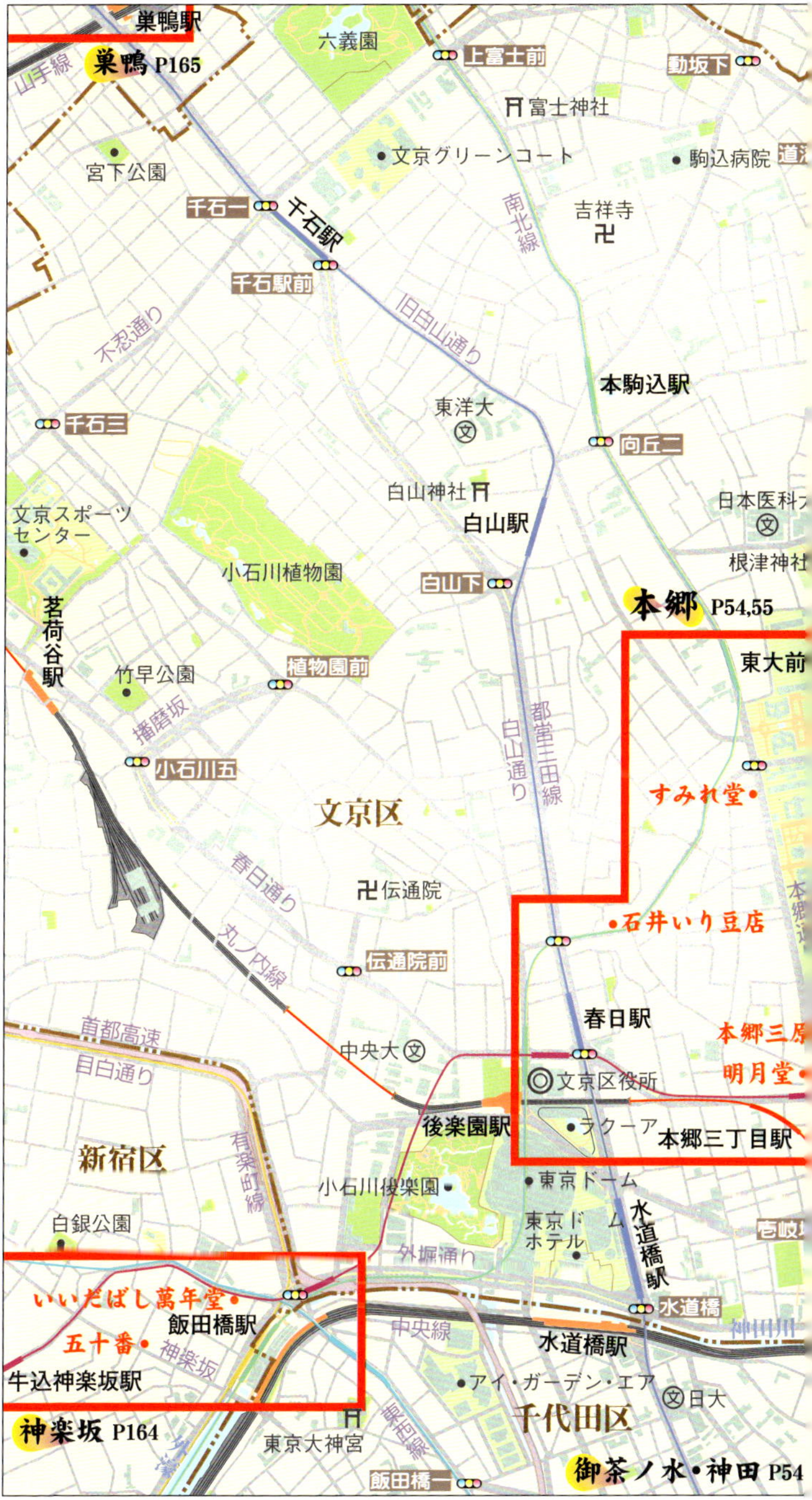

巣鴨駅
巣鴨 P165
山手線
六義園
上富士前
動坂下
富士神社
文京グリーンコート
駒込病院
宮下公園
千石一
千石駅
南北線
吉祥寺
千石駅前
旧白山通り
不忍通り
本駒込駅
東洋大
千石三
向丘二
白山神社
白山駅
日本医科大
文京スポーツセンター
根津神社
小石川植物園
白山下
本郷 P54,55
茗荷谷駅
東大前
竹早公園
植物園前
播磨坂
白山通り
都営三田線
小石川五
すみれ堂
文京区
春日通り
伝通院
石井いり豆店
丸ノ内線
伝通院前
春日駅
首都高速
本郷三
目白通り
中央大
文京区役所
明月堂
後楽園駅
ラクーア
本郷三丁目駅
新宿区
有楽町線
小石川後楽園
東京ドーム
東京ドームホテル
水道橋駅
白銀公園
外堀通り
いいだばし萬年堂
飯田橋駅
水道橋
神田川
五十番
神楽坂
中央線
水道橋駅
牛込神楽坂駅
アイ・ガーデン・エア
日大
千代田区
神楽坂 P164
東京大神宮
東西線
飯田橋一
御茶ノ水・神田 P54

四つ木橋
新四つ木橋
四ツ木駅
葛飾区
首都高速
綾瀬川
鐘ヶ淵通り
東武伊勢崎線
四ツ木橋南
白鬚公園
八広駅
木根川橋
荒川
八広公園
東向島駅
向島百花園
曳舟川通り
京成押上線
吾嬬西公園
東向島
中居堀通り
東墨田公園
京成曳舟駅
京島
墨田清掃工場
新平井橋公園
明治通り
江戸川区
ライオン
中居堀
東武亀戸線
小村井
旧中川
墨田区
小村井駅
大正民家園
東あずま公園
十間橋
オリンピック
東あずま駅
横十間川
北十間川
花王
福神橋
日通
亀戸天神
新小原橋
船橋屋
亀戸天神前本店
亀戸中央公園
亀戸水神駅
但元本店
総武本線
亀戸 P94

1：22,500

500m

地図の方位は真北です

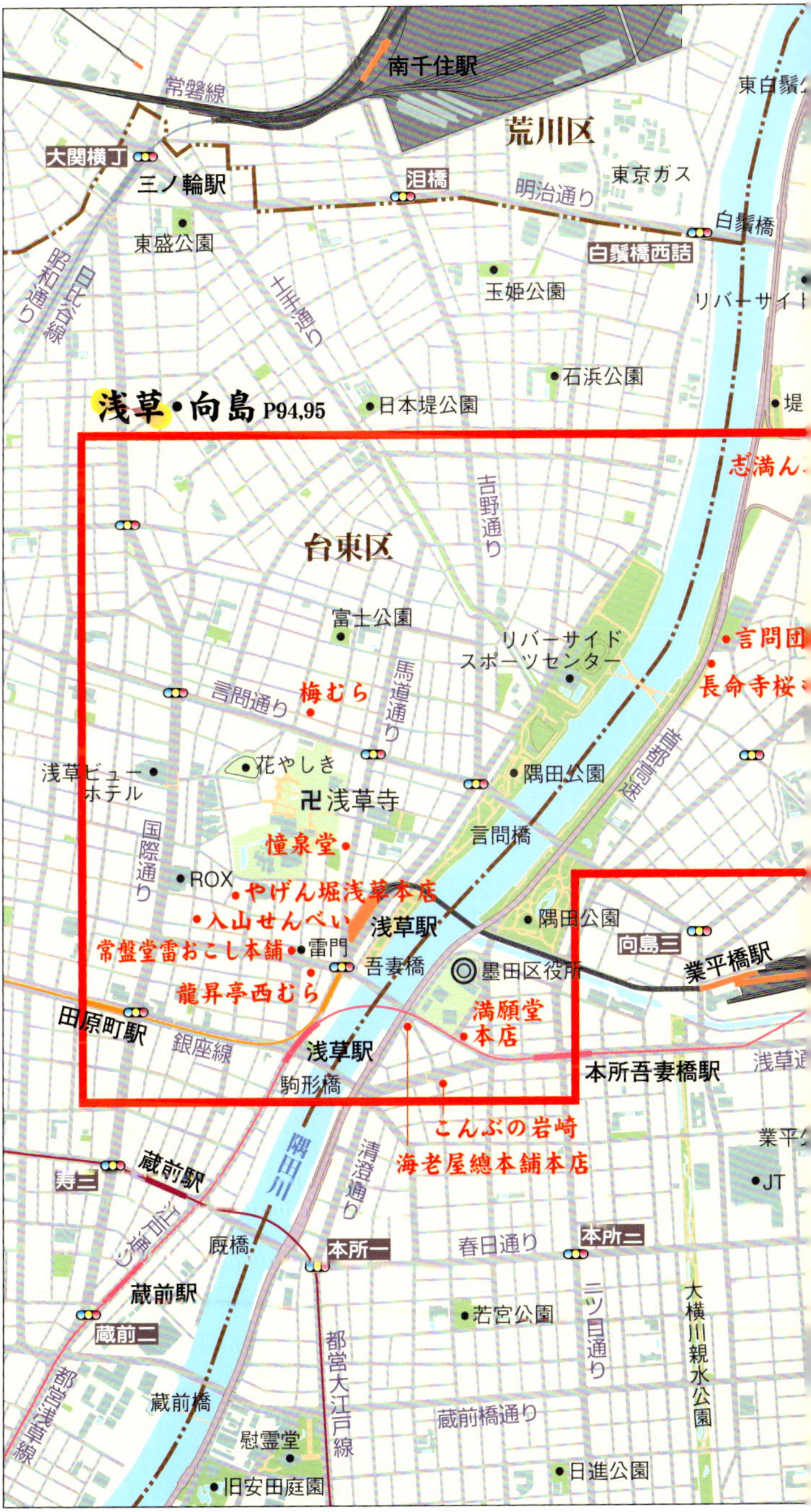
南千住駅
常磐線
荒川区
東白鬚公
大関横丁
三ノ輪駅
泪橋
明治通り
東京ガス
白鬚橋
白鬚橋西詰
東盛公園
昭和通り
日比谷線
土手通り
玉姫公園
リバーサイド
石浜公園
浅草・向島 P94,95
日本堤公園
堤
志満ん
吉野通り
台東区
富士公園
リバーサイド
スポーツセンター
言問団
長命寺桜
言問通り
梅むら
馬道通り
首都高速
浅草ビュー
ホテル
花やしき
浅草寺
隅田公園
言問橋
国際通り
憧泉堂
ROX
やげん堀浅草本店
入山せんべい
浅草駅
隅田公園
向島三
業平橋駅
常盤堂雷おこし本舗
雷門
吾妻橋
墨田区役所
龍昇亭西むら
満願堂
本店
田原町駅
銀座線
浅草駅
本所吾妻橋駅
浅草通
駒形橋
こんぶの岩崎
海老屋總本舗本店
蔵前駅
隅田川
清澄通り
業平
寿二
JT
江戸通り
厩橋
本所一
春日通り
本所二
蔵前駅
若宮公園
三ツ目通り
大横川親水公園
蔵前二
都営浅草線
蔵前橋
都営大江戸線
蔵前橋通り
慰霊堂
日進公園
旧安田庭園

1:22,500

0 500m

地図の方位は真北です

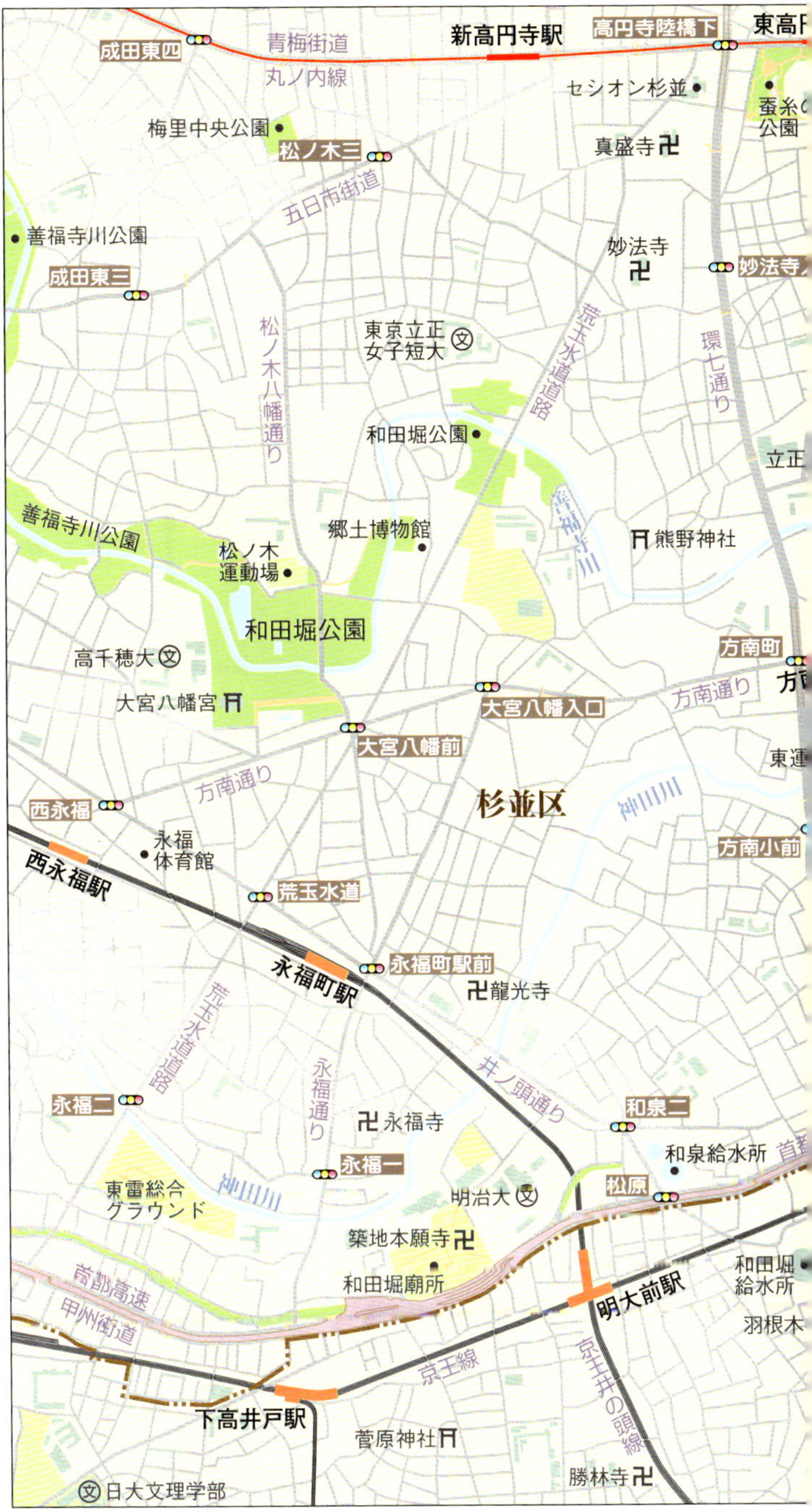
成田東四
青梅街道
丸ノ内線
新高円寺駅
高円寺陸橋下
セシオン杉並
梅里中央公園
松ノ木三
真盛寺
五日市街道
善福寺川公園
成田東三
妙法寺
松ノ木八幡通り
東京立正
女子短大
荒玉水道道路
環七通り
和田堀公園
郷土博物館
善福寺川
熊野神社
善福寺川公園
松ノ木
運動場
和田堀公園
高千穂大
大宮八幡宮
方南町
大宮八幡入口
方南通り
大宮八幡前
方南通り
杉並区
神田川
西永福
永福
体育館
西永福駅
方南小前
荒玉水道
永福町駅前
永福町駅
龍光寺
荒玉水道道路
永福通り
井ノ頭通り
永福二
和泉二
永福寺
和泉給水所
永福一
松原
東電総合
グラウンド
神田川
明治大
築地本願寺
首都高速
和田堀廟所
明大前駅
和田堀
給水所
甲州街道
京王線
下高井戸駅
菅原神社
京王井の頭線
勝林寺
日大文理学部

東京女子医科大
東京女子医科大病院
月桂寺
外苑東通り
加賀公園
納戸町公園
大日本印刷
新宿区
市谷仲之町
市ヶ谷 P131
東京医科大
安養寺
仲之公園
合羽坂
防衛庁
年金会館
靖国通り
都営新宿線
曙橋駅
合羽坂下
市谷八幡町
市ヶ谷駅
市谷本村町
愛住公園
津の守坂通り
新宿歴史博物館
外堀通り
有楽町線
四谷三丁目駅
四谷三
千代田区
P164,165
笹寺
於岩稲荷
わかば
四ツ谷駅
聖イグナチオ教会
麹町駅
新宿通り
外苑西通り
四ツ谷 P164
慶応義塾大医学部
若葉公園
上智大
下ノ池
もとまち公園
慶応病院
南北線
清水谷公園
中央線
ホテルニューオータニ
信濃町駅前
首都高速
迎賓館
信濃町駅
国立競技場駅
明治記念館
国立競技場
東宮御所
サントリー美術館
明治神宮外苑
権田原
赤坂・青山・六本木・虎ノ門 P130,131
しろたえ
日本青年館
赤坂見附駅
赤坂御用地
とらや
神宮球場
青山一丁目駅
高橋是清翁記念公園
いちょう並木
秩父宮ラグビー場
カナダ大使館
新青山ビル
ルコント青山本店
伊藤忠ビル
青山通り
TBS
赤坂駅
港区
外苑前
外苑前駅
青葉公園
外苑東通り
赤坂通り
赤坂青野
青山三
半蔵門線
銀座線
千代田線
氷川神社
青山霊園
乃木坂駅
乃木坂
檜町公園
表参道 P131
都営大江戸線
六本木駅
六本木通り
首都高速
おつな寿司
立山墓地

1：22,500

0 500m

地図の方位は真北です

9 新宿・四ツ谷・原宿

中野区
成子天神社
青梅街道
丸ノ内線
神田川
成子天神下
西新宿駅
新宿西口駅
小滝橋通り
中央線
大久保公園
西武新宿駅
新宿コマ劇場
明治通り
新宿区役所
花園神社
新宿中村屋本店
東京医科大病院
ヒルトン東京
中央公園北
小田急
マイシティ
三越
伊勢丹
都庁前駅
都営大江戸線
新宿駅
新宿中央公園
京王
追分だんご
西新宿五丁目駅
東京都庁
天竜寺
甲州街道
中央公園西
京王線
タカシマヤタイムズスクエア
新宿ワシントンホテル
京王新線
上ノ池
新宿パークタワー
文化女子大
代々木駅
西新宿四
東京オペラシティ
西参道口
ドコモ代々木ビル
南新宿駅
初台
新国立劇場
初台駅
首都高速
北参道
宝物殿
参宮橋
初台一東
参宮橋駅
山手線・埼京線
山手通り
明治神宮
明治通り
本殿
小田急線
オリンピック記念青少年総合センター
渋谷・原宿 P166,167
初台坂下
渋谷区
代々木八幡神社
東郷神社
代々木公園
デメル
代々木八幡駅
千代田線
代々木公園駅
第一体育館
富ヶ谷
代々木深町
国立代々木競技場
NHKホール
明治通り
井ノ頭通り
NHK
渋谷公会堂
穏田神社
渋谷区役所
山手通り

近江屋洋菓子店
竹むら
万惣
新御茶ノ水駅
小川町駅
淡路町駅
秋葉原駅
総武線
神田川
浅草橋駅
岩本町駅
東神田
浅草橋
茶ノ水・神田
神田駅
昭和通り
日比谷線
馬喰町駅
総武快速線
東日本橋駅
隅田川
馬喰横山駅
司町
千代田線
丸ノ内線
小伝馬町駅
日本橋 P8
新日本橋駅
銀座鈴屋 日本橋店
久松町
人形町 P8
明治座
日銀
日本橋鮒佐本店
堀留公園
手町駅
人形町駅
柳屋
人形町タンネ
三越
三越前駅
魚久本店
寿堂
水天宮
水天宮前駅
日本橋駅
東証取引所
蛎殻町
東京駅
長門
大丸
高島屋
茅場町駅
首都高速
八重洲通り
都営浅草線
首都高速
新大橋通り
坂本町公園
IBM箱崎ビル
永代通り
日本橋川
京橋駅
中央通り
宝町駅
中央区
八丁堀
越前堀公園
永代橋西
銀座一丁目駅
メサージュ・ド・ローズ本店
鍛冶橋通り
永代公園
八丁堀駅
桜川公園
住友ツインビル
ホテル西洋銀座ケーキショップ
崎煎餅本店
松屋
和光チョコレートショップ
京葉線
三越
木村屋總本店 銀座本店
中央大橋
鹿乃子 本店
新富町駅
中央区役所
隅田川
リバーシティ21
晴海運河
銀座若松
東銀座駅
昭和通り
佃公園
築地駅
塩瀬総本家本店
佃大橋
聖路加国際病院
聖路加ガーデン
晴海通り
演舞場
築地本願寺
田中商店
清澄通り
築地市場駅
つきぢ松露築地本店
新聞社
茂助団子
月島駅
初見橋

1：22,500　0 500m

地図の方位は真北です

10 神田・銀座・霞が関

新宿区
グランドパレスホテル
逓信病院
専修大
法政大
九段下駅
九段下
神保町駅
靖国通り
九段会館
共立女子大
靖国神社
九段坂上
日本武道館
千代田区役所
ゴンドラ
市ヶ谷駅
都営新宿線
北の丸公園
科学技術館
内堀通り
千鳥ヶ淵戦没者墓苑
首都高速
竹橋駅
市ヶ谷 P131
国立近代美術館
国立近代美術館工芸館
千鳥ヶ淵
半蔵門線
一番町
皇居東御苑
イギリス大使館
吹上大宮御所
千代田区
半蔵門駅
麹町駅
皇居
パレスホ
御所
宮内庁
新宿通り
半蔵門
ドゥバイヨル丸ビル
ユーハイム・ディー・マイスター丸ビル
キャンティ丸ビル
有楽町線
国立劇場
宮中三殿
二重橋
二重橋
赤坂・青山・六本木・虎ノ門 P130,131
桜田濠
銀座
国会図書館
永田町駅
憲政記念館
桜田門駅
桜田門
赤坂見附駅
警視庁
法務省
日比谷駅
国会議事堂
国土交通省
霞ヶ関駅
日枝神社
国会議事堂前駅
日比谷公園
霞ヶ関駅
首相官邸
内閣府
財務省
溜池山王駅
赤坂駅
帝国ホテル
経済産業省
霞が関ビル
南北線
溜池
銀座線
内幸町駅
虎ノ門
虎ノ門駅
新橋 P130
六本木通り
虎の門病院
港区
外堀通り
ホテルオークラ
六本木二
アークヒルズ
日比谷線
岡埜栄泉
都営三田線
新橋駅
桜田公園
虎ノ門パストラル
新正堂
慈恵医大病院
六本木一丁目駅

糸公園
駅
エルナード
東武亀戸線
総武線
亀戸駅
亀戸七
京葉道路
リヴィン
亀戸 P94
糸町駅前
亀戸駅前
サンストリート
墨東病院
首都高速
竪川
五之橋南詰
明治通り
丸八通り
大島七公園
公団大島六団地
横十間川
猿江恩賜公園
松坂屋ストア
大島駅
トステム
西大島駅
駅
大島六
都営新宿線
住吉二
江東区民センター
ダイエー
ティアラこうとう
ザ・ガーデンタワーズ
大島四公園
東京ガス深川グランド
大島五公園
小名木川
スポーツ会館
小名木川駅前
丸八橋南詰
公団北砂五団地
扇橋二
岩井橋東詰
江東区
亀高公園
越中島貨物線
砂町銀座通り
砂町銀座
川南公園
横十間川親水公園
砂町銀座入口
仙台堀川公園
城東公園
丸八通り
南砂五差路
境川
境川公園
東陽六
仙台堀川公園
亀高橋
清洲橋通り
南砂四
江東区役所
葛西橋通り
南砂六
西友
文化センター
公社南砂住宅
明治通り
ジャスコ
ドイト
南砂二南公園
南砂三公園
東陽町駅
日曹橋
永代通り
南砂町駅
東陽町駅前
運転免許試験場
東陽図書館
佐川急便
東西線
南砂七
西濃運輸

1：22,500

0　500m

地図の方位は真北です

台東区
旧安田庭園
日進公園
江戸東京博物館
国技館
両国駅
緑町公園
北斎通り
総武線
両国駅
両国橋
両国二
京葉道路
緑一
緑三
江東橋
墨田区
回向院
両国シティコア
両国公園
隅田川
竪川
清澄通り
三ツ目通り
菊川公園
千歳公園
大横川
中和公園
菊川駅
浜町駅
都営新宿線
森下駅
森下駅前
菊川二
新大橋
浜町公園
深川神明宮
芭蕉記念館
八名川公園
中央区
森下五
高橋・常盤
高森公園
小名木川
芭蕉庵史跡庭園
清澄白河駅
清洲橋
清洲橋東詰
白河町
霊巌寺
深川江戸資料館
隅田川大橋
隅田川
清澄公園
清澄庭園
東京都現代美術館
半蔵門線
深川図書館
浄心寺
木場公園
大横川
都営大江戸線
亀堀公園
仙台堀川
西支川
法乗院えんま堂
東西線
永代通り
葛西橋通り
木場公園前
永代公園
深川不動尊
門前仲町駅
富岡八幡宮
臨海公園
平久川
木場公園
三ツ目通り
大横川
深川スポーツセンター
清澄通り
大横川
木場駅
越中島公園
牡丹町公園
木場五
牡丹三
越中島駅
東京海洋大
首都高速
平久公園
相生橋
イトーヨーカドー
釣船橋
京葉線
越中島通り
隅田川
豊洲運河
汐浜運河

12 下北沢・三軒茶屋

三角橋
東大先端科学
技術研究センター
渋谷区
駒場公園
東大駒場
キャンパス
日本民芸館
下北沢駅
北沢タウンホール
本多劇場
池ノ上駅
下北沢駅入口
京王井の頭線
池ノ上
青少年会館
駒場東大前駅
駒場野公園
代沢三差路
森巖寺
北沢八幡神社
目黒区
淡島通り
梅丘通り
池尻北公園
代沢
淡島
東邦大
大橋病院
代沢十字路
国立成育医療センター
研究所
三宿池尻
御嶽山大神
勝光院
円泉寺
池尻大橋駅
池尻三公園
貝塚公園
玉川通り
東急田園都市線
福寿稲荷
八幡神社
太子堂三
茶沢通り
三宿
東山公園
東急世田谷線
防衛庁
技研本部
教学院
西友
三軒茶屋駅
首都高速
西太子堂駅
世田谷公園
キャロットタワー
昭和女子大
自衛隊
中央病院
三軒茶屋
保健センター
三宿通り
三宿病院
丸山公園
正蓮寺
マルエツ
駒留陸橋
世田谷署前
西澄寺
下馬一
駒繋神社
駒繋公園
玉川通り
世田谷観音
子の神公園
上馬公園
下馬五
世田谷観音
上馬
宗円寺
目黒区
環七通り
鶴ヶ久保公園
下馬中央公園
龍雲寺
野沢稲荷
下馬公園
下馬五南
マルエツ
龍雲寺
野沢公園
サミット
自由通り
下馬通り
学芸大学
P167
学芸大学駅
目黒区
野沢

1：22,500

0 500m

地図の方位は真北です

12 下北沢・三軒茶屋

東急世田谷線
勝林寺
松原公園
東松原駅
日大文理学部
赤松公園
赤堤五
松原駅
西福寺
羽根木公園
六所神社
梅ヶ丘病院
赤堤通り
光明養護学校
小田
赤堤
赤堤交番前
松原六
総合福祉センター
梅ヶ丘駅
山下西公園
山下駅
豪徳寺駅
世田谷区
宮坂三
山下公園
オダキューOX
ピーコック
常徳院
梅丘二
経堂駅
福昌寺
乗泉寺別院
豪徳寺
世田谷八幡宮
国士舘大
経堂大橋
宮の坂駅前
宮の坂駅
若林公園
世田谷城址公園
世田谷区役所
勝光院
くぬぎ公園
区民会館
世田谷駅
松陰神社
上町駅
円光院
大吉寺
世田谷三
世田谷駅前
松陰神社
世田谷
代官屋敷跡
東京農大
郷土資料館
世田谷中央病院
サミット
浄光寺
駒留通り
世田谷通り
松丘交番
実相院
常在寺
馬事公苑
中央図書館
小泉公園
弦巻神社
弦巻五
向天神橋
弦巻通り
弦巻四
弦巻三
駒沢公園通り
駒沢給水所配水塔
医薬品食品衛生研究所
陸上自衛隊
新町公園
駒沢緑泉公園
桜新町駅
東電
上用賀一
桜新町
新町
東急田園都市
砧公園通り
善養院
新町一
西友
首都高速
駒澤

青山霊園
欧風菓子
クドウ青山店
表参道
P131
菊家
おつな寿司
六本木駅
外苑東通り
赤坂・青山・六本木・虎ノ門
P130,131
大安寺
長谷寺
慈眼院
六本木通り
高樹町
西麻布
首都高速
六本木ヒルズ
白水堂
たぬき煎餅
浪花家総本店
東四
外苑西通り
笄公園
中国
大使館
本光寺
紀文堂
豆源
麻布十番駅
麻布十番
P130
日赤医療
センター
聖心女子大
広尾駅
有栖川宮
記念公園
天真寺
仙台坂
ドイツ大使館
南北線
東京フロインドリーブ
日比谷線
明治通り
渋谷川
フランス
大使館
光林寺
明治通り
フジ
フィルム
広尾病院
比寿駅東口
首都高速
古川橋
広尾 P166
北里大
薬学部
恵比寿三
白金六
白金高輪駅
白金一
恵比寿ガーデン
プレイス
港区
東大医科学
研究所
清正公前
ラディソン
都ホテル東京
国立自然教育園
国立公衆
衛生院
南北線
都営三田線
八芳園
東京都
庭園美術館
泉岳寺
白金台駅
明治学院大
山手線
埼京線
目黒通り
白金台
明治学院前
桜田通り
ヒルトップガーデン目黒
目黒駅
アトレ目黒
高輪公園
首都高速
高輪台
高輪台駅
高輪プリンス
ホテル
池田山公園
NTT東日本
関東病院
アルコタワー
新高輪
プリンスホテル
杉野服飾大
都営浅草線
品川区
ホテルパシフィック東京
不動

1：22,500

0 500m

地図の方位は真北です

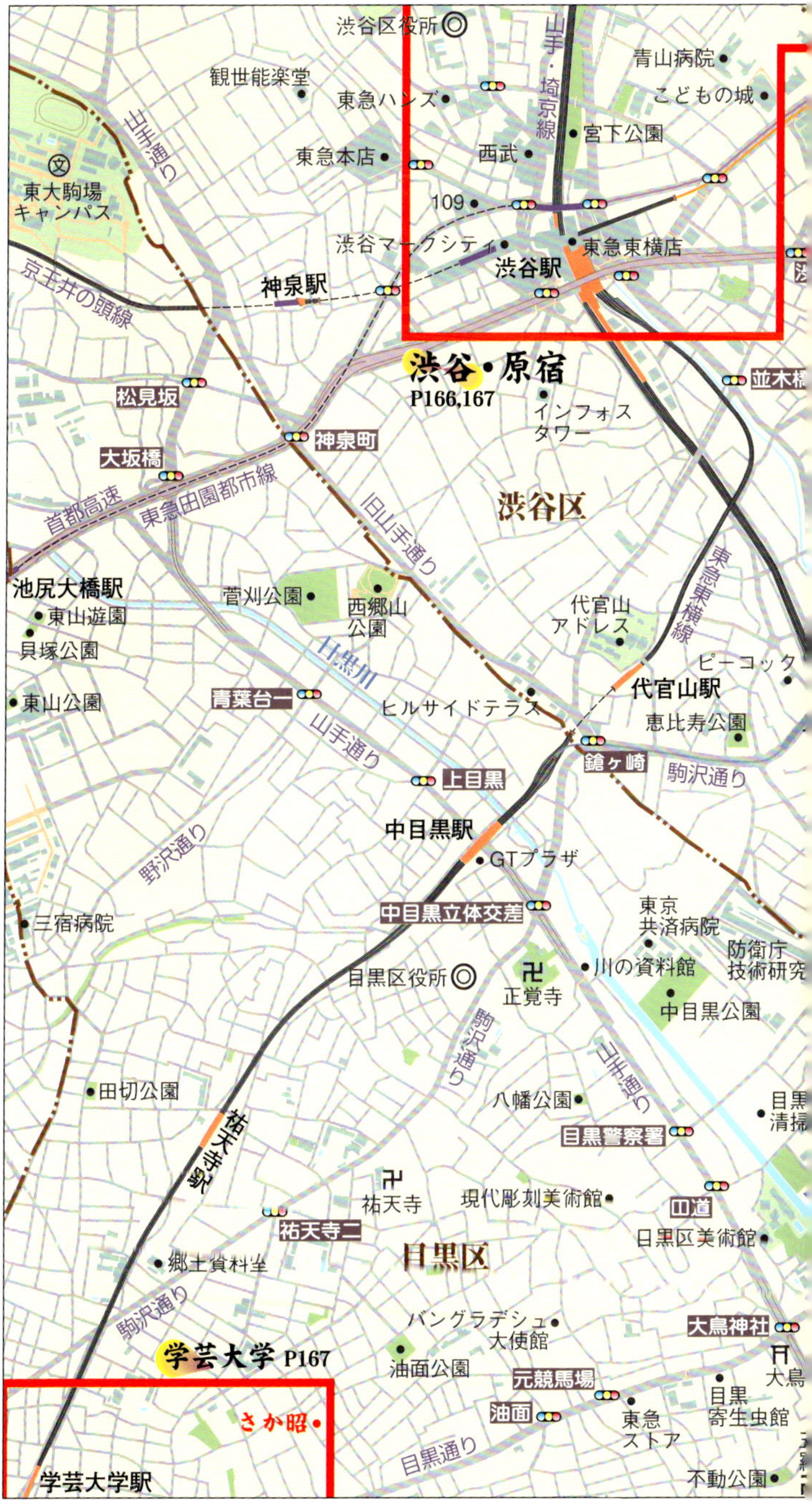
渋谷区役所
青山病院
観世能楽堂
東急ハンズ
山手・埼京線
こどもの城
宮下公園
東大駒場キャンパス
山手通り
東急本店
西武
109
渋谷マークシティ
東急東横店
渋谷駅
京王井の頭線
神泉駅
渋谷・原宿
P166,167
インフォスタワー
並木橋
松見坂
神泉町
大坂橋
首都高速
東急田園都市線
旧山手通り
渋谷区
池尻大橋駅
菅刈公園
西郷山公園
代官山アドレス
東急東横線
東山遊園
貝塚公園
目黒川
ピーコック
代官山駅
青葉台一
ヒルサイドテラス
恵比寿公園
東山公園
山手通り
鎗ヶ崎
駒沢通り
上目黒
中目黒駅
野沢通り
GTプラザ
中目黒立体交差
東京共済病院
三宿病院
防衛庁技術研究
目黒区役所
正覚寺
川の資料館
中目黒公園
駒沢通り
山手通り
田切公園
八幡公園
目黒清掃
目黒警察署
祐天寺駅
祐天寺
現代彫刻美術館
田道
祐天寺二
目黒区美術館
郷土資料室
目黒区
駒沢通り
バングラデシュ大使館
大鳥神社
学芸大学
P167
油面公園
大鳥
元競馬場
さか昭
目黒寄生虫館
油面
東急ストア
目黒通り
不動公園
学芸大学駅

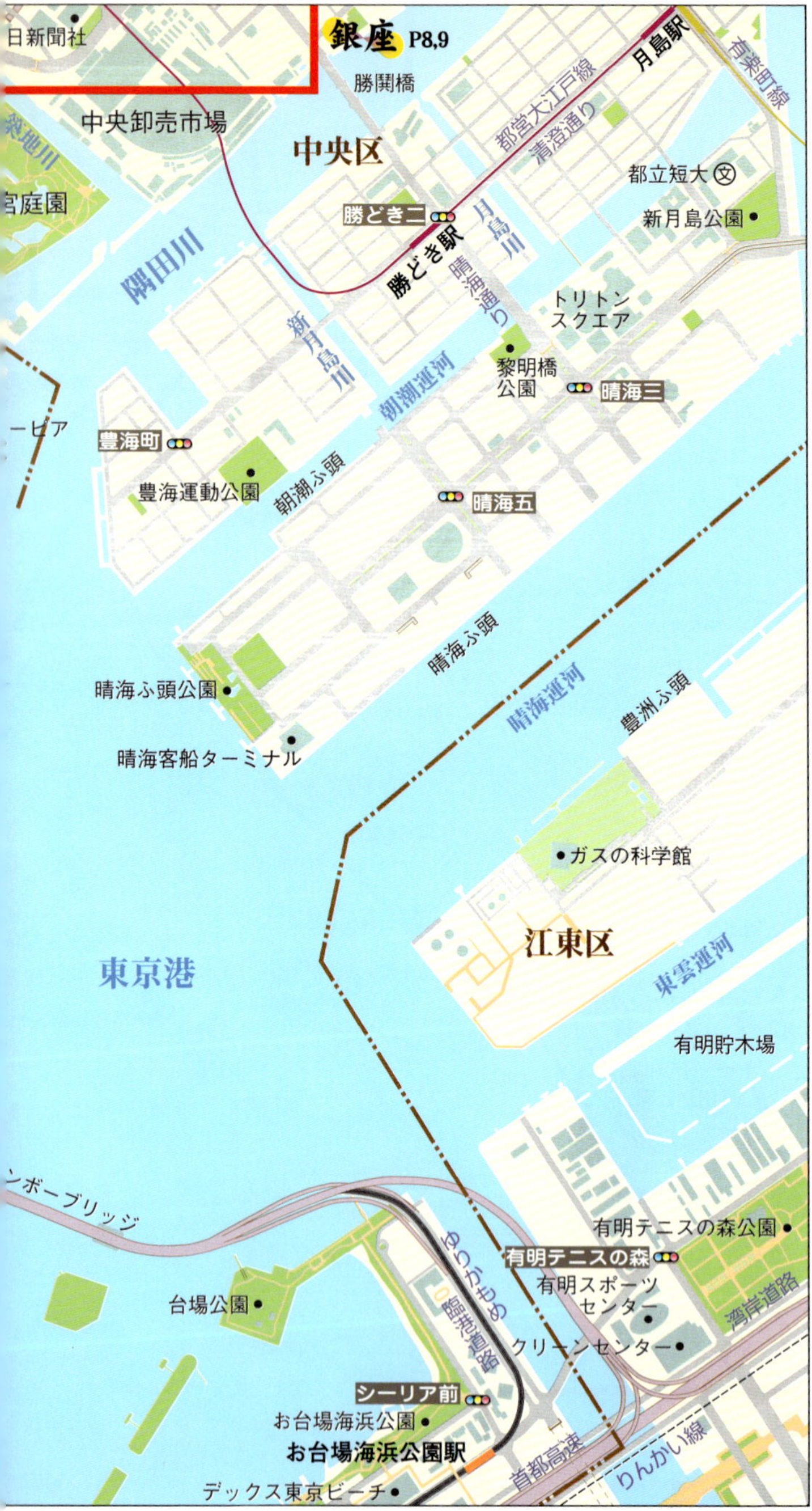
日新聞社
銀座 P8,9
勝鬨橋
中央卸売市場
築地川
中央区
宮庭園
隅田川
都営大江戸線
清澄通り
月島駅
有楽町線
都立短大
新月島公園
勝どき二
勝どき駅
月島川
晴海通り
新月島川
トリトン
スクエア
黎明橋
公園
晴海三
朝潮運河
豊海町
豊海運動公園
朝潮ふ頭
晴海五
ーピア
晴海ふ頭
晴海ふ頭公園
晴海客船ターミナル
晴海運河
豊洲ふ頭
ガスの科学館
江東区
東京港
東雲運河
有明貯木場
ンボーブリッジ
有明テニスの森公園
有明テニスの森
有明スポーツ
センター
ゆりかもめ
臨港道路
湾岸道路
台場公園
クリーンセンター
シーリア前
お台場海浜公園
お台場海浜公園駅
首都高速
りんかい線
デックス東京ビーチ

1：22,500 0 500m
地図の方位は真北です

14 浜松町・芝公園

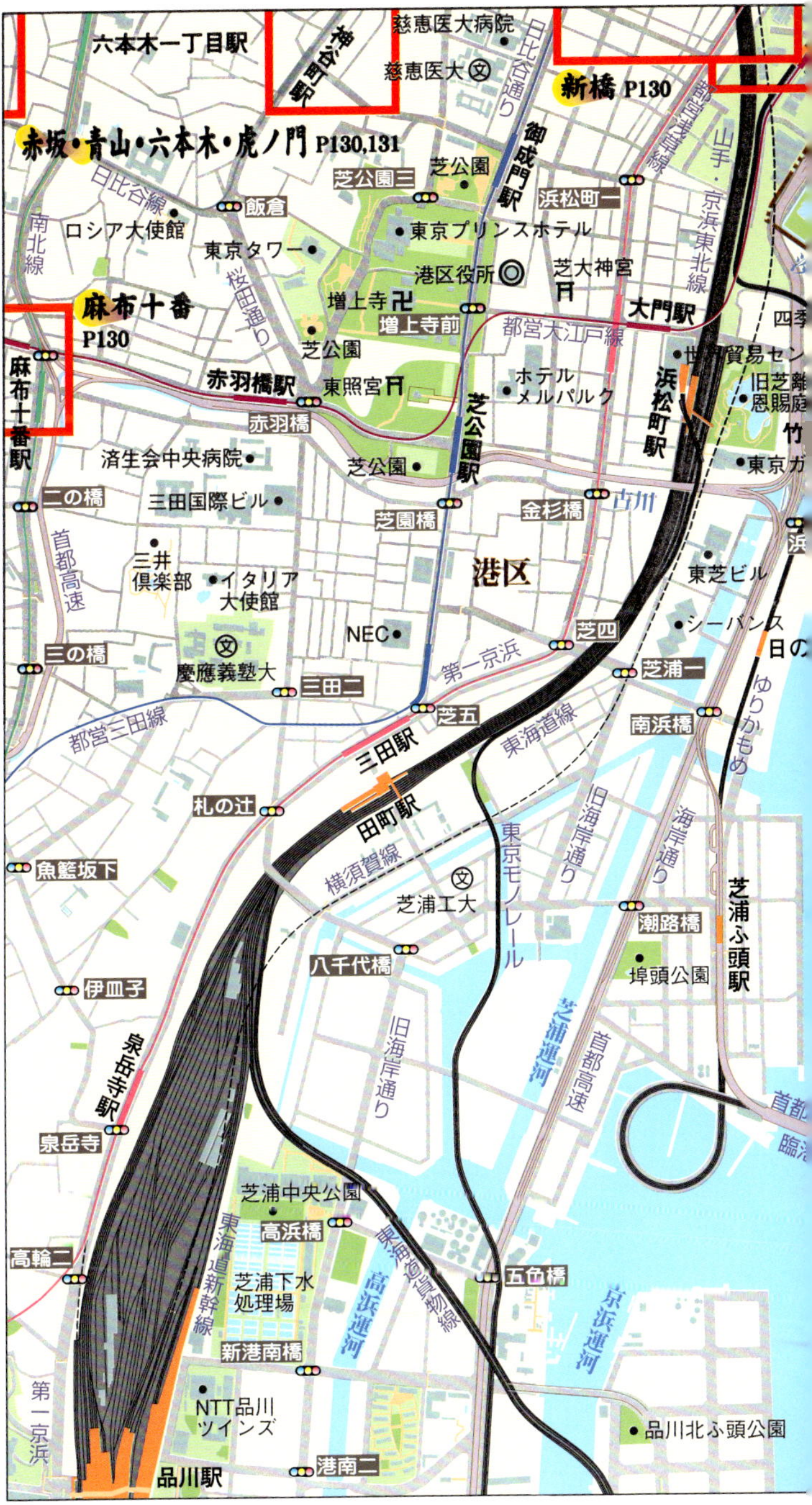
六本木一丁目駅
神谷町駅
慈恵医大病院
慈恵医大
日比谷通り
新橋 P130
都営浅草線
赤坂・青山・六本木・虎ノ門 P130,131
御成門駅
山手・京浜東北線
芝公園
芝公園三
浜松町一
日比谷線
飯倉
ロシア大使館
南北線
東京プリンスホテル
東京タワー
港区役所
芝大神宮
桜田通り
増上寺
大門駅
四季
麻布十番
P130
増上寺前
都営大江戸線
芝公園
世界貿易セン
麻布十番駅
赤羽橋駅
東照宮
ホテル
メルパルク
旧芝離
恩賜庭
浜松町駅
竹
芝公園駅
赤羽橋
済生会中央病院
芝公園
東京ガ
二の橋
三田国際ビル
芝園橋
金杉橋
古川
首都高速
三井
倶楽部
イタリア
大使館
港区
東芝ビル
浜
NEC
芝四
シーバンス
日の
三の橋
慶應義塾大
第一京浜
芝浦一
三田二
芝五
南浜橋
ゆりかもめ
都営三田線
東海道線
三田駅
札の辻
田町駅
旧海岸通り
海岸通り
東京モノレール
横須賀線
魚籃坂下
芝浦工大
潮路橋
芝浦ふ頭駅
八千代橋
埠頭公園
伊皿子
芝浦運河
旧海岸通り
首都高速
首都
泉岳寺駅
臨
泉岳寺
芝浦中央公園
高浜橋
東海道新幹線
高輪二
芝浦下水
処理場
東海道貨物線
高浜運河
五色橋
京浜運河
新港南橋
第一京浜
NTT品川
ツインズ
品川北ふ頭公園
港南二
品川駅

15 新木場・有明

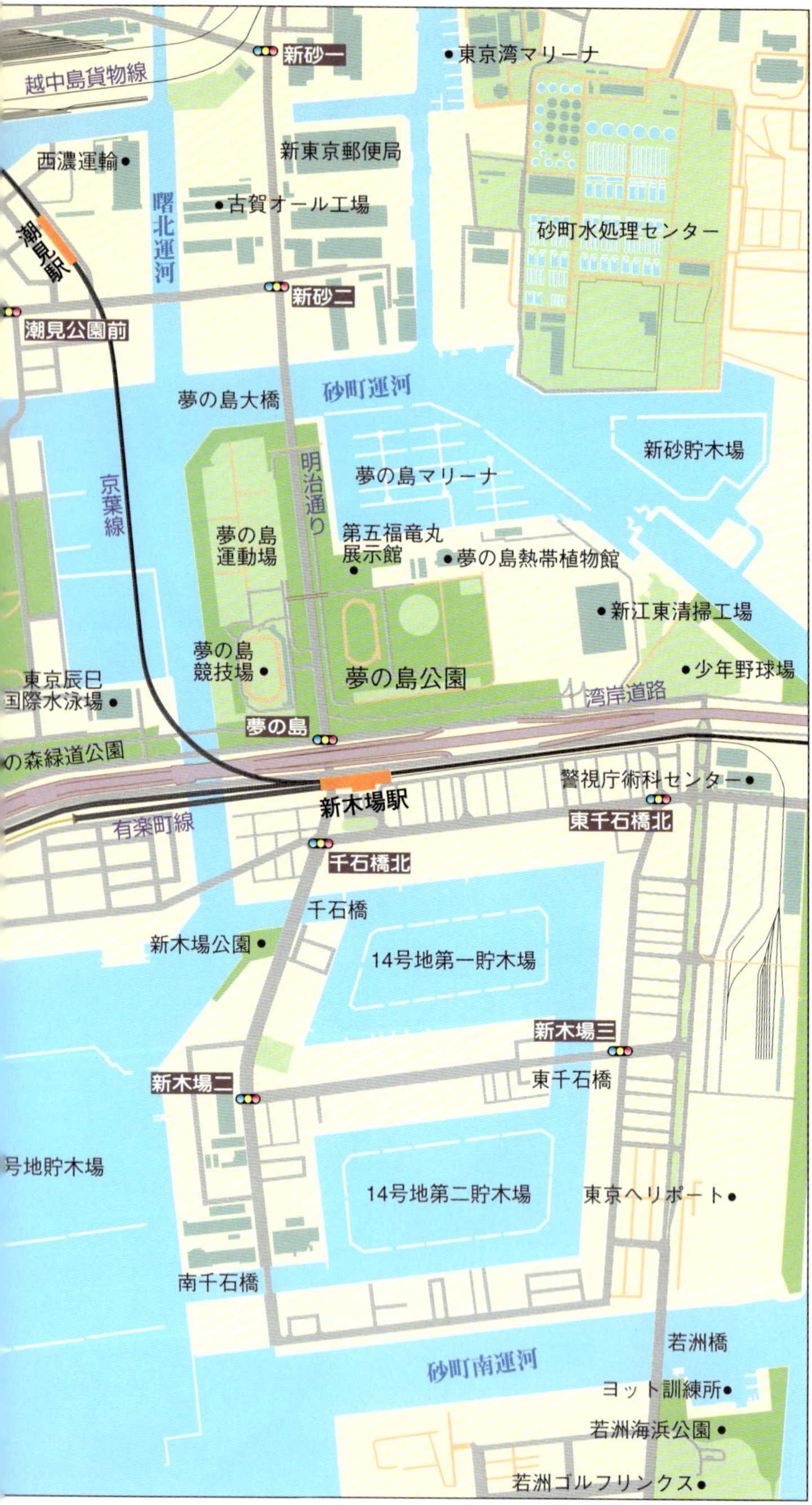

新砂一
東京湾マリーナ
越中島貨物線
新東京郵便局
西濃運輸
古賀オール工場
曙北運河
潮見駅
砂町水処理センター
新砂二
潮見公園前
砂町運河
夢の島大橋
新砂貯木場
明治通り
夢の島マリーナ
京葉線
夢の島
運動場
第五福竜丸
展示館
夢の島熱帯植物館
新江東清掃工場
夢の島
競技場
夢の島公園
少年野球場
東京辰巳
国際水泳場
湾岸道路
夢の島
の森緑道公園
警視庁術科センター
新木場駅
東千石橋北
有楽町線
千石橋北
千石橋
新木場公園
14号地第一貯木場
新木場三
東千石橋
新木場二
号地貯木場
14号地第二貯木場
東京ヘリポート
南千石橋
若洲橋
砂町南運河
ヨット訓練所
若洲海浜公園
若洲ゴルフリンクス

1：22,500　0　500m

地図の方位は真北です

15 新木場・有明

塩浜公園
塩浜二東
豊洲貯木場
ニュートン
プレイス
豊洲橋
浜園公園
浜園橋
塩浜二公園
豊洲一公園
京葉線
豊洲運河
塩浜一
汐板橋
汐見
日本ユニシス
春海橋
石川島播磨重工業
枝川三公園
豊洲二
有楽町線
晴海運河
枝川橋東
朝凪橋
枝川一
豊洲センタービル
潮見運動公園
豊洲駅
豊洲公園
豊洲駅前
七枝橋
ドゥ・スポーツプラザ晴海
江東区
辰巳橋
東雲橋
辰巳橋東
東雲橋
ジャスコ
辰巳運河
三ツ目通り
晴海通り
辰巳駅
東雲一
辰
東雲運河
有明貯木場
首都高速
新辰巳橋
りんかい線
有明貯木場
東雲
東雲駅
新末広橋
湾岸道路
有明コロシアム
建材埠頭
有明テニスの森公園
有明駅
国際展示場駅
東京ベイ有明ワシントンホテル
国際展示場
正門駅
東京港
ワンザ有明
東京ビッグサイト
（東京国際展示場）
ゆりかもめ
水の広場ふ頭公園

学芸大学駅
学芸大学
P167
南原公園
東根公園
唐ヶ崎通り
東京医療センター
碑文谷公園
駒沢通り
柿の木坂通り
目黒区
環七通り
東急東横線
自由通り
衾町公園
ダイエー
やくも文化通り
柿ノ木坂陸橋
ちもと
都立大学駅
都立大学
P167
すずめのお宿
緑地公園
目黒通り
大岡山小前
中根
短大
環七通り
立源寺
中根公園
自由が丘
P167
学園通り
熊野神社
呑川緑道
大岡山公園
モンブラン
自由が丘駅
東急大井町線
緑が丘駅
大岡山駅
自由が丘
スイーツフォレスト
東急目黒線
奥沢駅
東京工業大
区民センター
大田区
自由通り
玉川田園調布
大音寺
東玉川
石川公園
醍醐
田園調布駅
石川台駅
環八通り
田園調布
P167
中原街道
東急池上線
呑川

1：22,500

0 500m

地図の方位は真北です

16 自由が丘・駒沢公園

東急田園都市線
用賀神社
長谷川町子
美術館
駒澤大・短
用賀駅
玉川通り
首都高速
駒沢公園通り
呑川
用賀一
用賀中町通り
医王寺
深沢不動
日体大・女子短大
駒沢通り
深沢神社
瀬田中
中町四
世田谷区
駒沢公園通り
深沢公園
環八通り
谷沢川
多摩美大前
多摩美大
上野毛通り
目黒通り
東横学園女子短大
上野毛駅
五島
美術館
東急大井町線
上野毛自然公園
等々力通り
丸子川
等々力駅
玉川IC
尾山台駅
尾山台
P167
玉川野毛町公園
等々力不動前
等々力渓谷公園
等々力不動尊
オーボンヴュータン
尾山台一
宇佐神社
第三京浜
多摩川
丸子川
多摩沿線道路
多摩堤通り
武蔵工業大
川崎市
高津区
川崎市
中原区

上大崎三
かむろ坂下
桜田通り
清泉女子大
ホテルパシフィック東京
品川プリンス
ホテル
港区
首都高速
山手通り
五反田駅
大崎局前
西五反田一
大崎広小路
ゆうぽうと
TOC
中原口
大崎広小路駅
立正大
山手線
埼京線
御殿山ヒルズ
区総合体育館
大崎ニューシティ
大崎駅
ゲートシティ大崎
西八丁公園
平塚中央公園
居木橋
目黒川
百反通り
品川区
戸越銀座駅
戸越駅
わかば公園
戸越八幡神社
りんかい線
京浜東北線
国文学研究資料館
戸越三
戸越公園
JR東日本
大井工場
戸越公園駅
下神明駅
品川区役所
東急大井町線
きゅりあん
大井町駅
アトレ大井町
阪急
戸越南公園
NFパークビル
中延駅
豊町公園
二葉公園
大井三ツ又
二葉四
西大井駅
西大井
広場公園
池上通り
西光寺
立会川
滝王子通り
大井五
東海道新幹線
横須賀線
浜川公園
品川歴史館
鹿島神社
第一京浜
公原橋

1：22,500

0 500m
地図の方位は真北です

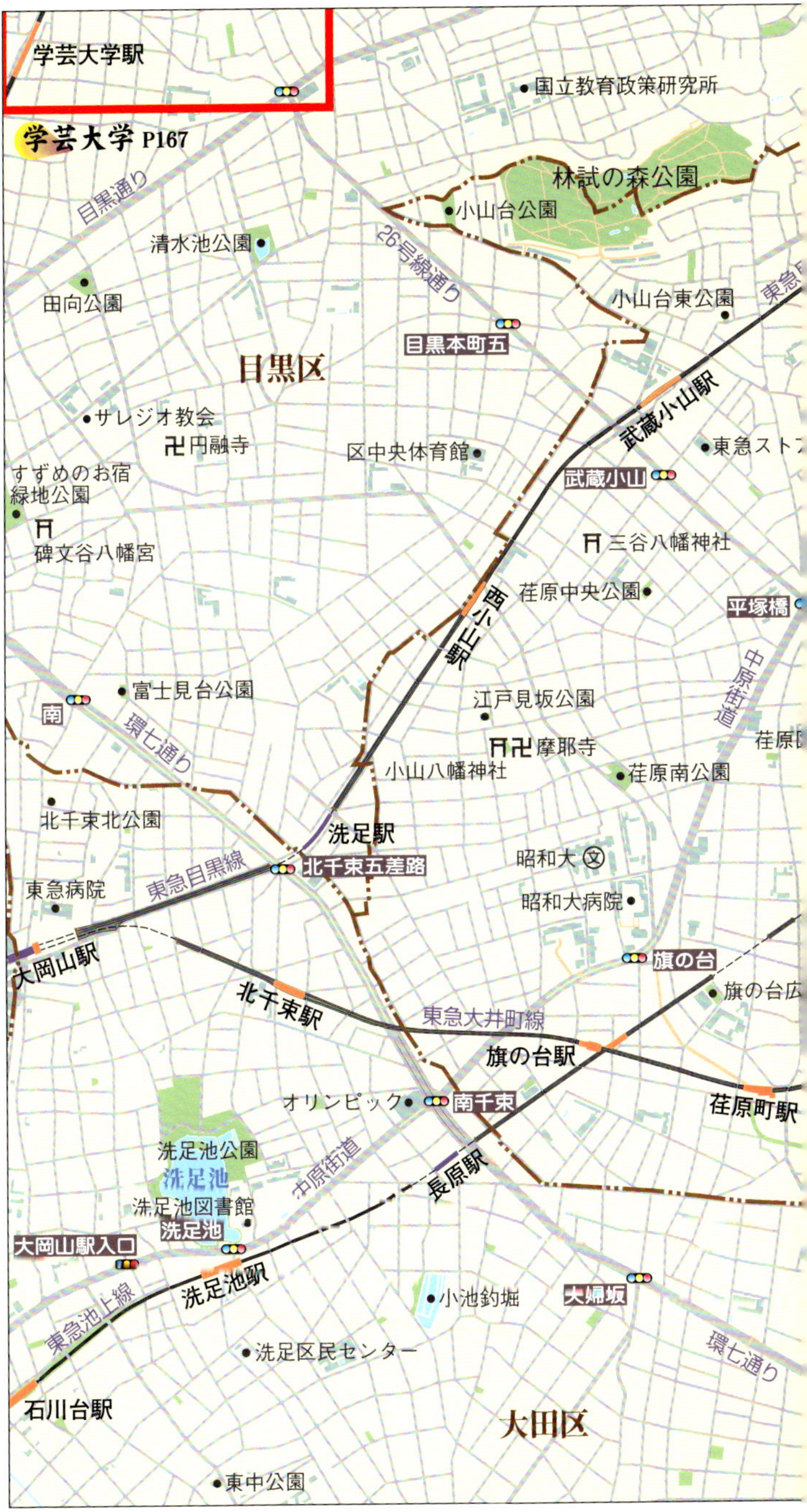
学芸大学駅
国立教育政策研究所
学芸大学 P167
林試の森公園
目黒通り
小山台公園
清水池公園
26号線通り
田向公園
小山台東公園
目黒本町五
目黒区
武蔵小山駅
サレジオ教会
円融寺
区中央体育館
すずめのお宿
緑地公園
武蔵小山
碑文谷八幡宮
三谷八幡神社
荏原中央公園
西小山駅
平塚橋
中原街道
富士見台公園
江戸見坂公園
南
環七通り
摩耶寺
小山八幡神社
荏原南公園
北千束北公園
洗足駅
昭和大
北千束五差路
東急目黒線
東急病院
昭和大病院
大岡山駅
旗の台
北千束駅
東急大井町線
旗の台駅
オリンピック
南千束
荏原町駅
洗足池公園
洗足池
中原街道
長原駅
洗足池図書館
洗足池
大岡山駅入口
洗足池駅
小池釣堀
夫婦坂
東急池上線
洗足区民センター
環七通り
石川台駅
大田区
東中公園

デックス東京ビーチ
港区
台場
湾岸道路
東京テレポート駅
アクアシティお台場
ホテル日航東京
フジテレビ
台場駅
ゆりかもめ
パレットタウン
ホテルグランパシフィック
メリディアン
潮風公園
青海駅
シンボル
プロムナード公園
青海一
船の科学館駅
江東区
青海中央ふ頭公園
船の科学館
宗谷
羊蹄丸
日本科学
未来館
テレコムセンター前
テレコムセンター駅
テレコム
センター
東京税関
大江戸温泉物語
青海南ふ頭公園
青海二
東京港
青海コンテナふ頭
大井コンテナふ頭
大井税関前
大田区

1：22,500

0 500m

地図の方位は真北です

18 品川・お台場

品川駅
港南二
港区
海岸通り
京浜運河
東海道貨物線
第一京浜
品川グランドコモンズ
品川インターシティ
東京海洋大
旧海岸通り
シーフォートスクエア
新八ツ山橋
北品川駅
天王洲アイル駅
品川埠頭入口
品川南ふ頭公園
品川ふ頭
御殿山ヒルズ
東海道新幹線
八ツ山通り
天王洲アイル駅
天王洲公園
東品川海上公園
品川神社
北品川二
京浜東北線
新馬場駅
目黒川
子供の森公園
海徳寺
東品川三
首都高速
東京モノレール
りんかい線
東電大井火力発電所
天龍寺
願行寺
東品川公園
海岸通り
八潮北公園
第一京浜
北ふ頭橋
北部陸橋上
品川シーサイドフォレスト
ゼームス坂
品川寺
海雲寺
品川シーサイド駅
大井清掃工場
北部陸
青物横丁駅
品川区
海晏寺
南品川三
八潮橋
鮫洲公園
鮫洲駅
大井公園
大井ふ頭緑道公園
東大井公園
鮫洲運転免許試験場
東大井
京浜急行本線
大ふ
勝島運河
首都高速
八潮公園
首都高速
立会川駅
旧東海道
品川八潮パークタウン
京浜運河
大井競馬場前駅
第一京浜
立会川
中央海浜公園前
新浜川橋
勝島橋
しながわ区民公園
大井競馬場
大井ふ頭中央海浜公園

◎索引

●和菓子

【あ】

赤坂青野（赤坂もち）……134
天名家総本家（お狩場餅）……180
いいだばし萬年堂（御目出糖）……174
入山せんべい（入山せんべい）……108
上野駅前 岡埜栄泉（豆大福）……124
うさぎや（どらやき）……122
梅むら（豆寒）……100
追分だんご本舗（追分だんご）……172
岡埜栄泉（豆大福）……142

【か】

花月（かりんとう）……068
鹿乃子本店（かのこ）……022
菊見せんべい総本店（せんべい）……092
菊家（利休ふやき）……146
紀文堂（人形焼き）……158
銀座鈴屋 日本橋店（甘納豆）……032
銀座若松（あんみつ）……024
空也（空也もなか）……026
群林堂（豆大福）……078
言問団子（言問団子）……114
寿堂（黄金芋）……046

【さ】

さか昭（どら焼き）……194
さゝま（和生菓子）……060
塩瀬総本家本店（本饅頭）……038
志満ん草餅（草餅）……118
新宿中村屋本店（黒かりんとう）……168
新正堂（切腹最中）……140
すみれ堂（バタータン）……072
草月（黒松）……088

【た】

竹むら（揚げまんじゅう）……062
たぬき煎餅（直焼き煎餅）……156
ちもと（八雲もち）……192
長命寺桜もち（桜もち）……116
壺屋総本店（壺最中）……076
つる瀬本店（豆餅、豆大福）……066
憧泉堂（手焼憧せんべい）……106
桃林堂上野店（五智果）……120
常盤堂雷おこし本舗（雷おこし）……098
土佐屋（芋ようかん）……086
とらや赤坂店（竹皮包羊羹）……136

【な】

中里（揚最中）……084
長門（久寿もち）……030
浪花家総本店（鯛焼き）……160
根津のたいやき（たいやき）……080

【は】

花園万頭（花園万頭）……170
ひと本石田屋（栗饅頭）……182
船橋屋 亀戸天神前本店（くず餅）……126
本郷三原堂（大学最中）……070

【ま】

松崎煎餅本店（三味胴）……020
豆源（豆菓子）……152
満願堂本店（芋きん）……104
茂助団子（だんご）……041

【や】

八重垣煎餅（せんべい）……089
柳屋（たいやき）……042

【ら】

龍昇亭西むら（栗むし羊羹）……125

【わ】

わかば（鯛焼き）……176

●洋菓子

【あ】
ウエスト銀座本店（ドライケーキ）……028
欧風菓子クドウ青山店（レーズンクッキー）……148
オーボンヴュータン（ドゥミセック）……190
近江屋洋菓子店（アップルパイ）……056
【か】
木村屋總本店 銀座本店（酒種あんぱん）……016
キャンティ丸ビル店（クッキー）……052
ゴンドラ（パウンドケーキ）……138
【さ】
自由が丘スイーツフォレスト（スイーツ）……210
しろたえ（焼き菓子）……132
【た】
デメル（ザッハトルテ）……184
東京フロインドリーブ（アーモンドパイ）……186
ドゥバイヨル丸ビル店（チョコレート）……010
【な】
人形町タンネ（ドイツパン）……050
【は】
白水堂（かすてら）……154
パリ・セヴェイユ（フランス菓子）……208
ホテル西洋銀座ケーキショップ（銀座マカロン）……014
【ま】
万惣（コンフィッツ）……058
明月堂（甘食）……074
メサージュ・ド・ローズ本店（チョコレート）……034
モンブラン（モンブラン）……196
【や】
ユーハイム・ディー・マイスター丸ビル店（バウムクーヘン）……012
【ら】
ル クール ピュー（メルベイユ）……204
ルコント青山本店（フルーツケーキ）……150
レピドール（ポルボローネス）……202
【わ】
和光チョコレートショップ（ショコラ・フレ）……018

●その他

【あ】
天野屋（明神甘酒）……090
石井いり豆店（落花生）……082
魚久本店（粕漬け）……044
海老屋總本舗本店（江戸前佃煮）……112
おつな寿司（いなりずし）……144
【か】
五十番（中華まんじゅう）……178
こんぶの岩崎（昆布製品）……110
【さ】
笹巻けぬきすし総本店（笹巻けぬきすし）……064
【た】
醍醐（大阪寿司）……198
但元本店（いり豆）……128
田中商店（紅鮭の粕漬け）……040
つきぢ松露築地本店（玉子焼）……036
佃宝（佃煮）……200
【な】
日本橋鮒佐本店（江戸前佃煮）……048
【ま】
まい泉青山本店（ヒレカツサンド）……188
【や】
やげん堀浅草本店（七味唐辛子）……102
【ら】
ラベイユ荻窪本店（はちみつ）……206

企画・編集	小島　卓（東京書籍）
	石井一雄（エルフ）
取材・執筆協力	福田国士
	安藤博祥
編集協力	阿部編集事務所
ブックデザイン	長谷川　理（Phontage Guild）
地図	渡辺行雄（エルフ）
	加藤正之（エルフ）

東京　五つ星の手みやげ

平成十六年三月十二日　第一刷発行
平成十六年五月二十日　第八刷発行

監修者　岸　朝子
発行者　河内義勝
発行所　東京書籍株式会社
〒114・8524　東京都北区堀船2・17・1
電話　03・5390・7531（営業）
03・5390・7526（編集）
E-mail=shoseki@tokyo-shoseki.co.jp
URL=http://www.tokyo-shoseki.co.jp

印刷・製本　信毎書籍印刷株式会社

乱丁・落丁の場合はお取り替えいたします。
定価はカバーに表示してあります。

ISBN 4-487-79906-6